VOYAGE
EN ÉGYPTE
ET
EN PALESTINE

NOTES ET SOUVENIRS

PAR

ERNEST JACQUESSON,
Ingénieur civil, Ancien élève de l'École centrale
des Arts et Manufactures.

PARIS
TYPOGRAPHIE DE J. BEST,
RUE SAINT-MAUR-SAINT-GERMAIN, 15.
1857

VOYAGE EN ÉGYPTE

ET

EN PALESTINE

VOYAGE
EN ÉGYPTE
ET
EN PALESTINE

NOTES ET SOUVENIRS

PAR

ERNEST JACQUESSON,
Ingénieur civil, Ancien élève de l'École centrale
des Arts et Manufactures.

PARIS
TYPOGRAPHIE DE J. BEST,
RUE SAINT-MAUR-SAINT-GERMAIN, 15.
1857
1856

Au moment où tous les regards sont attirés vers l'Égypte par la grande entreprise de M. de Lesseps pour le percement de l'isthme de Suez, et vers la Palestine par les réformes que le nouvel état de choses, né de la guerre d'Orient, doit y amener prochainement, j'ai pensé que quelques détails donnés sur ces pays, que je viens de parcourir, ne seraient peut-être pas sans intérêt. Je ne suis pas un auteur; je n'écris pas pour écrire. C'est à mes amis seulement et à mes compatriotes de la Marne que j'adresse ces notes, comme un souvenir de mon voyage et un témoignage de mon attachement (1).

(1) Ces notes ont été publiées d'abord dans le *Journal de la Marne*, pendant les mois de juin, juillet, août et septembre 1856.

J'ai eu l'honneur de faire la plus grande partie de ce voyage avec M. Ferdinand de Lesseps et la Commission internationale des ingénieurs, qui allaient étudier sur les lieux le percement de l'isthme de Suez.

M. Barthélemy Saint-Hilaire, secrétaire général de la Compagnie, et dont j'ai l'honneur d'être l'ami, a publié, dans le *Journal des Débats,* une suite d'articles du plus haut intérêt sur cette grande question; je n'oserais y revenir après lui. Je me bornerai à glaner, à sa suite, quelques observations sur le pays, sur les mœurs et coutumes des habitants, et à recueillir les particularités intéressantes dont j'ai été personnellement témoin.

Ce sont de simples notes, prises sur les lieux mêmes, au courant de la plume. Publiées, comme elles ont été écrites, sans prétention, elles ont besoin d'être lues avec indulgence.

VOYAGE EN ÉGYPTE

ET

EN PALESTINE

NOTES ET SOUVENIRS

VOYAGE EN ÉGYPTE

I

PREMIÈRE VUE D'ÉGYPTE. — LA COLONNE DE POMPÉE. ALEXANDRIE.

Alexandrie, 20 novembre 1855.

Après une traversée de dix jours, qui ne put me paraître longue, on le pense bien, en compagnie des personnages, aussi distingués que bienveillants, dont se composait la Commission scientifique pour le percement de l'isthme de Suez, nous nous trouvâmes, le dimanche 18 novembre, à sept heures du matin, par un beau soleil d'Orient, en vue de la vieille terre d'Égypte.

La première chose qui frappe la vue du voyageur en approchant de la côte, c'est la colonne dite de Pompée, qui s'aperçoit à une grande distance en mer. Elle est en granit, d'un seul morceau, et de 37 mètres de hauteur. Se dressant sur un fond de misérables masures, elle semble être placée là comme pour commander le respect à l'Européen qui voudrait se prévaloir de sa supériorité sur les Arabes; elle atteste, par sa masse gigantesque et par son élégance, que, bien des siècles avant nous, il existait une civilisation dont les lumières et les moyens d'action peuvent défier encore aujourd'hui l'art et la science modernes.

A notre entrée dans le port, rempli de vaisseaux de toutes les nations, une escadrille de canots blanc et or se détacha des bâtiments du Vice-Roi Saïd-Pacha, ayant à sa tête M. Kœnig-Bey, secrétaire des commandements de Son Altesse. Cette escadrille se rangea des deux côtés de notre navire, ses matelots nous saluant de l'aviron, et nous reçut pour nous descendre à terre. Voitures, escorte, tout était prêt, et l'on nous conduisit tout de suite à l'hôtel qui nous était exclusivement réservé. Nous fûmes reçus ainsi par les ordres du Vice-Roi, qui nous traitait en prince et en homme qui connaît tous les détails et les raffinements de notre civilisation. Ce prince connaît la France; il parle notre langue comme il est donné à peu d'étrangers de la parler, et joint à l'affabilité d'un galant homme la rude énergie qu'il tient de son père. Je parlerai plus longuement de lui, quand j'en viendrai à la réception particulière qu'il nous fit à sa maison de plaisance de Saïdisch.

Notre hôtel était situé sur la grande place d'Alexandrie, centre du quartier franc. En Orient, *Frandgi* (Francs) est le nom donné à tous les Européens sans exception : honneur que nous devons sans doute au souvenir de nos croisades, et surtout à la campagne du général Bonaparte. Sur cette place rectangulaire, d'une surface de cinq hectares environ, se pressent des hommes de toutes les nations, dont la diversité de costumes excite particulièrement la curiosité.

L'Européen qui arrive en Égypte par mer, et qui tombe tout à coup, sans transition aucune, au milieu des habitudes et des mœurs d'un pays si différent du nôtre, serait tenté de croire à un rêve, si les palmiers-dattiers qui apparaissent au loin, et les chameaux qui passent sur la place, n'étaient là pour le rappeler à la réalité. On a beaucoup parlé de l'utilité du chameau, et je suis loin de la contester; mais j'affirme qu'il n'est rien moins que doux et patient, comme l'ont prétendu certains naturalistes. Il a, au contraire, une inertie de caractère récalcitrante, si je puis m'exprimer ainsi, qui le rend indocile et hargneux dès qu'on veut lui faire faire quoi que ce soit. On voit ces animaux rester immobiles sur leurs jambes des heures entières : leur maître vient et veut les faire marcher, ils montrent les dents et crient; leur commande-t-il de s'arrêter, ils crient; de se lever, ils crient encore; et tout cela en cherchant à mordre, sans toutefois trop se déranger. Il serait difficile de donner une idée de ce cri à ceux qui ne l'ont pas entendu : c'est un grommellement sourd et caverneux, accompagné, pour ainsi dire, de borborygmes; somme toute, quelque chose de fort maussade. A part cela, c'est un animal précieux pour le pays, et une monture fort agréable quand on est parvenu à s'y installer, ce qui n'est pas une petite affaire. Vous vous mettez en croupe sur l'animal couché par terre; il relève fort brusquement ses deux grandes jambes de derrière, au risque de vous culbuter en avant; il relève ensuite celles de devant, mouvement qui vous précipiterait avec violence par-dessus sa croupe, si vous ne vous cramponniez au fort pommeau de la selle, qui est disposé à cet effet. Les Arabes ont l'ennuyeuse habitude de les faire marcher à la file les uns des autres, de sorte que ceux qui les montent ne peuvent jamais voyager côte à côte; bon gré mal gré, on est ainsi forcé de passer à l'état muet et contemplatif qui plaît tant aux musulmans, et qui est si pénible aux touristes français. Une caravane un peu considérable est fort curieuse à voir. Les chameaux sont tous reliés entre eux par une corde partant du licol, et se rattachant à l'espèce de selle que celui qui précède porte sur le dos. Ils vont tous au pas, et de loin, dans le désert, on dirait une file de vaisseaux sur une seule ligne, les chevaux et les ânes qui marchent sur les flancs ressemblant à des bâtiments légers. Le chameau est la monture du désert. Pour les petits voyages, et particulièrement pour les courses dans l'intérieur des villes, ce sont des ânes qui font le service. On les voit circuler, à Alexandrie et au Caire, aussi nombreux que les voitures sur les boulevards de Paris.

Ils sont de petite race, fort doux, supportant les privations et la fatigue avec une résignation incroyable. Lorsqu'on veut faire une course, on prend un âne à l'une des nombreuses stations ; un ânier vous accompagne et se charge d'écarter tous les obstacles qui pourraient gêner votre marche. Du moment qu'il a un Européen sur son âne, le petit ânier (ce sont tous des enfants) se considère comme investi d'une certaine supériorité sur ses camarades qui conduisent des musulmans ; il les frappe à droite et à gauche de son bâton, quand ils ne se dérangent pas assez vite, sauf à en recevoir autant en pareille circonstance. Ces jeunes âniers sont fort intelligents ; ils vous poursuivent de leurs cris pour vous engager à prendre leur monture ; et lorsqu'on est récemment débarqué, on est fort étonné de leur entendre crier, en trois langues différentes : *Moussieu! bon baudet!* — *Very good donkey!* — *Guter Esel!* — On en est assailli de toutes parts, et il n'est pas facile de s'en débarrasser. Mais, dès qu'on est un peu au fait des us et coutumes du pays, on les congédie lestement en leur disant : *Rouha, kelb!* (Va-t-en, chien!) et en accompagnant ces mots d'un moulinet de la *kourbasch*. La kourbasch est une sorte de petit fouet fait en peau d'hippopotame, et dont tout Européen qui veut se faire respecter ne manque pas de s'armer.

Ce qui me frappa le plus à Alexandrie, après la colonne de Pompée, c'est l'aiguille de Cléopâtre. Cet obélisque, formé d'une seule pierre, a 20 mètres de haut ; mais il est moins bien conservé que celui que nous possédons à Paris. Il est debout près de la mer, et appartient à la France ; une seconde aiguille semblable, placée à terre, près de la première, appartient à l'Angleterre. Ces obélisques, monuments particuliers à l'Égypte, étaient, pour ainsi dire, des livres perpétuels, où les Pharaons gravaient, pour la postérité, leur religion, leur morale, leur histoire. Ils étaient généralement placés de chaque côté de l'entrée des temples et des palais.

Alexandrie est une ville à moitié européenne, trop connue pour que nous devions en parler plus longuement dans ces rapides notes, où nous recherchons surtout les raretés de l'art et de la nature, et les contrastes des civilisations.

II

CHEMIN DE FER D'ALEXANDRIE. — LE CAIRE. — FÊTE DU PROPHÈTE. — LA CITADELLE.

Le Caire, 23 novembre 1855.

Après trois jours de repos à Alexandrie, un train spécial nous emmena jusqu'à l'Afté, village des bords du Nil. Je dis un train, car nous roulions bien réellement sur un chemin de fer, et ce n'était pas une des choses les moins curieuses que de voir ce prodige du progrès moderne, cette merveille de la civilisation européenne traverser triomphante ce vieux monde où rien de nouveau ne s'était remué depuis deux mille ans. Cela avait l'air d'un défi ou d'un appel jeté à ces populations, qui semblaient endormies pour l'éternité. Les deux Arabes, en robe longue et en turban, qui chauffaient la locomotive, me paraissaient l'emblème de la barbarie vaincue, servant docilement le génie de l'industrie moderne comme un nouveau dieu. Toutefois, le service des chemins de fer est fait en majeure partie par des Européens, qui parlent tous le français, l'anglais, l'italien, et quelques-uns l'allemand. Les travaux d'art, les gares, les voitures, les buffets, tout y est construit et servi à l'européenne, et à peu près aux mêmes prix.

Le trajet d'Alexandrie à l'Afté se fait en trois heures, à travers les champs fertiles de la Basse-Égypte. Le voyageur qui passe là pour la première fois regrette la rapidité qui l'emporte et l'empêche d'admirer à son aise cette riche végétation dont rien en Europe ne peut donner l'idée. On est frappé surtout de la verdure, de son éclat, de sa vigueur luxuriante, dont n'approchent ni les pâturages de la Normandie, ni ceux même de la Grande-Bretagne, si vantés, et à juste titre, par les Anglais. C'est là que nous avons vu pour la première fois des champs de coton, de riz et de doura. Le doura est une plante à peu près semblable au maïs, de deux à trois mètres de haut, et dont le grain est à l'extrémité supérieure comme celui du millet. Il forme la principale nourriture des habitants du pays, qui en font du pain, de la soupe, des gâteaux, etc.

A l'Afté, un bateau à vapeur nous attendait pour remonter jusqu'au Caire. L'ouverture du chemin de fer qui relie aujourd'hui cette ville à Alexandrie, et qui se prolongera sous peu jusqu'à Suez, n'a eu lieu que quinze jours après notre passage.

Nous arrivâmes à la tombée de la nuit au barrage du Nil, que nous traversâmes à la lueur des torches. Je reviendrai sur cette grandiose construction, due au génie créateur de Méhémet-Ali, et exécutée avec tant de science et de hardiesse par M. Mougel-Bey. Notre arrivée au Caire fut triomphale; les hauts fonctionnaires, prévenus d'avance par le Vice-Roi de l'arrivée de la Commission, nous reçurent avec empressement. Je dirai, pour ne pas y revenir, que nous trouvâmes partout sur notre route même accueil et mêmes honneurs. Notre entrée dans la capitale se fit à la nuit close, à travers une allée de sycomores de 2 kilomètres de long, dans des voitures à quatre chevaux, que précédaient des coureurs armés de torches.

Nous voici au Caire! Au seul nom de cette ville, toutes les imaginations artistes doivent s'épanouir, et il y a de quoi! Jamais personne, ayant quelque goût de l'art, ne pourra voir le Caire sans un vif sentiment d'admiration; c'est que là n'ont pas encore pénétré nos réformes de costumes; là, les formes roides de notre architecture moderne ne sont pas encore venues détrôner la grâce et l'élégance, principales qualités de l'architecture mauresque; là enfin, l'originalité, le caprice artistique, le senti, n'ont pas encore pâli au contact froid de notre siècle d'uniformes, de lignes droites et d'argent.

Rien de plus saisissant, en effet, que cette ville de 300 000 âmes, dont chaque maison est un objet de curiosité et d'étude, surtout par les délicates sculptures en bois et à jour qui recouvrent les balcons, où chaque rue offre un tableau piquant par la pose des Arabes et les groupes pittoresques qu'ils forment, et au-dessus de laquelle se détachent les dômes de quatre cents mosquées, dont chacune est un chef-d'œuvre d'art.

Au milieu de tous ces trésors artistiques, recouverts de poussière et en ruines, il est vrai, se meut une population qui, malgré sa misère extérieure, porte un air de dignité qui étonne et impose. Ces Arabes, couverts à peine de quelques haillons, ressemblent à des princes réduits à l'indigence, et lorsqu'on passe près d'eux, c'est à peine s'ils laissent tomber sur vous un regard empreint du plus souverain mépris. Je le répète, ce pays est sans contredit celui où les amateurs de l'art ont le plus de sujets d'observation et de travail. Chose extraordinaire! le naturaliste, l'antiquaire, l'historien, nous ont révélé tour à tour les richesses de ce pays merveilleux; l'artiste seul lui a fait défaut. Ce n'est que dans ces dernières années qu'il en a été rapporté quelques vues et quelques dessins, qui ont eu, d'ailleurs, le plus grand succès.

A l'admiration pour ces monuments, où le fini ne le cède qu'au gigantesque, se mêle un sentiment de tristesse quand on voit plongée dans la barbarie une contrée que l'histoire de l'antiquité place au premier rang. Que manquait-il, en effet, à la vieille Égypte? Fécondité du sol, sages institutions, intelligences supérieures dans tous les ordres, génie de la guerre, génie de l'industrie, science et religion, tout semblait se réunir pour en faire l'éternelle lumière du monde! Ce soleil pourtant s'est éteint;

l'empire des Pharaons, foulé d'abord par le colosse romain, s'est écroulé sous le pied destructeur des conquérants arabes, et depuis il s'est épuisé en luttes intestines, causées par l'avidité et l'incurie des pachas de la Sublime Porte. Aujourd'hui, cependant, l'Égypte paraît renaître et renaît réellement. Un homme de génie, Méhémet-Ali, reprenant les idées d'un autre homme de génie, Bonaparte, lui a donné une impulsion décisive, que son successeur actuel, Saïd-Pacha, poursuit activement.

Le Caire est construit près de l'emplacement de l'ancienne Memphis. Son nom arabe est *Masr-el-Kahirah* (capitale victorieuse). Elle est considérée comme étant la plus belle ville arabe. Notre première visite fut à la citadelle, qui domine complétement le Caire, et du haut de laquelle on voit se dérouler un magnifique panorama. Elle a été construite par le grand Saladin, près du mont Mokattan. Elle contient le palais de Méhémet-Ali, et une superbe mosquée recouvrant son tombeau, dans laquelle on nous permit d'entrer, à condition de nous conformer à l'usage musulman, qui est d'ôter ses souliers à la porte. Le parvis, en marbre parfaitement poli, nous rendait cette cérémonie moins désagréable. L'intérieur de cette mosquée est peint et en stuc.

Du haut de la citadelle, on voit, à gauche, les célèbres pyramides de Giseh, au pied desquelles était rangée l'armée française, en face des mameluks, qui, repoussés par l'intrépide valeur de nos carrés, furent rejetés en désordre sur l'île de Boulak. Ils ne firent que la traverser pour se jeter dans le Caire; tel était leur effroi, qu'ils ne songèrent pas à défendre leur capitale, dont les ruelles, étroites et tortueuses, permettraient à une poignée de braves de tenir tête à une armée entière. A droite, s'étend la vallée des tombeaux des califes fathimites, et on a devant soi toute la ville du Caire avec ses élégants minarets et ses mosquées aux nombreuses coupoles. Parmi les mosquées, celle de Hassan est la plus grande et la plus importante. Son chef religieux est au-dessus des autres; c'est lui qui passe à cheval sur le fameux *tapis humain* pendant la fête du prophète.

Cette fête, qui dure dix jours, est annoncée par des salves d'artillerie; une procession des diverses sectes musulmanes parcourt les rues, les chefs portant les drapeaux des différentes mosquées; derrière eux viennent de fidèles derviches, coiffés de bonnets pointus et portant une énorme barbe. Ils s'avancent en dansant, et mordent à belles dents des serpents vivants qu'ils tiennent à la main. Puis viennent les prières : les derviches, réunis en rond, répètent constamment le nom d'Allah, en faisant des contorsions de toutes sortes, élevant de plus en plus la voix et activant leurs gestes. Peu à peu leurs yeux deviennent hagards, leurs mouvements fébriles, et cela ressemble alors à une réunion d'énergumènes et de possédés. Les uns tombent évanouis, d'autres crachent le sang, d'autres encore se jettent à terre en se frappant la tête contre le sol jusqu'à ce qu'ils perdent connaissance; alors la population transportée de joie, ivre de bonheur de voir la foi de ses chefs religieux si grande, se précipite sur eux pour leur baiser les mains, les pieds et les vêtements. Un autre jour a lieu la procession du *Douseh*. Le chef religieux de la mosquée Hassan, après s'être purifié par le jeûne et la méditation, va rendre visite au chef des derviches. Ceux-ci, ainsi que les plus fervents musulmans, se couchent à plat-ventre sur son passage, serrés les uns contre les autres, et forment ainsi sous les pieds de son cheval le *tapis humain* dont nous venons de parler. Ils se félicitent ensuite à l'envi d'avoir senti le sabot du cheval, sans se plaindre des côtes qui ont été enfoncées. Telle est, en résumé, la grande fête du Prophète. On voit par là jusqu'où le fanatisme religieux peut pousser ces populations ignorantes.

On nous fit ensuite voir le palais de Méhémet-Ali, auquel je ferai le reproche d'être trop européen. Porcelaines de Sèvres, tapisseries des Gobelins, cristaux de Bohême, tout y rappelle le luxe de nos pays. On nous y montra une petite pièce dans laquelle se tenait Méhémet-Ali pendant le massacre des mameluks. Un bey me raconta ce terrible drame, tel qu'il le tenait du grand Méhémet lui-même. Comme c'est ici un événement important qui a marqué une nouvelle ère dans les destinées de l'Égypte, et qui causa alors, dans toute l'Europe, un étonnement mêlé d'effroi, je tiens à reproduire la version originale qui m'en a été faite.

III

MASSACRE DES MAMELUKS. — LE MEKIAS. — PYRAMIDES. LE SPHINX.

Le Caire, 26 novembre 1855.

Méhémet-Ali, orphelin albanais, se destinait au commerce, lorsque l'armée française envahit l'Egypte; son courage et son intelligence lui firent obtenir le grade de capitaine dans le corps d'Albanais envoyé par le sultan contre les Français. Le génie de Méhémet se fit bientôt jour, et il fut nommé général de ce corps d'armée, avec lequel il devait asseoir sa puissance, après avoir détruit ses plus formidables ennemis, les mameluks. Prenant le parti des *fellahs* (paysans cultivateurs) contre leurs oppresseurs, et joignant à l'énergie du caractère une habileté profonde, il parvint à vaincre peu à peu les obstacles qui s'opposaient à sa toute-puissance. Les mameluks, corps d'élite composé d'hommes courageux et riches, étaient seuls à lui résister, tant par la force que par leurs intrigues près de la Sublime-Porte. Un ordre du sultan arrive, qui enjoint à Méhémet-Ali d'envoyer des troupes vers la Mecque, pour réprimer les brigandages des Wahabys. Les mameluks sont désignés pour cette expédition, qui doit être commandée par le fils de Méhémet-Ali, et lui-même les accompagnera quelques jours dans le désert. Méhémet apprend que ses ennemis ont formé un complot pour se défaire de lui pendant ce voyage. Lui, qui avait entrepris l'immense et sublime tâche de régénérer l'Egypte, et qui se sentait assez de génie pour l'exécuter, le voilà donc réduit à l'alternative, ou de renoncer à ses projets et de plier sous le joug de ses jaloux adversaires, ou d'affranchir sa puissance et d'assurer sa vie par un acte de vigueur.

Ambition ou dévouement, les deux à la fois peut-être, il se décide à anéantir des ennemis qui ne pouvaient être ni gagnés ni domptés. Pour arriver à ses fins, Méhémet-Ali, quelques jours avant le départ de l'armée, invite les mameluks à une grande fête qu'il doit donner dans son palais de la citadelle. Afin d'éloigner tout soupçon de leur esprit, il va, accompagné d'un seul domestique, les inviter lui-même dans leur camp, en les visitant tous particulièrement d'une tente à l'autre. Les mameluks s'empressent de répondre à cette invitation, pour ne point donner lieu au pacha de soupçonner lui-même le complot formé contre ses jours. Ils se rendent en troupe à la citadelle, où ils étaient attendus, et s'engagent dans les rampes rapides et creusées dans le roc qui conduisent à la plate-forme du palais. A peine le dernier a-t-il franchi le seuil, que les portes se referment, et les Albanais, placés derrière des parapets et sur des murailles, ouvrent un feu plongeant sur les trop confiants mameluks. Ceux-ci, gênés par leur nombre dans des chemins rapides et encaissés, parcourent en tous sens au galop cette enceinte funeste, poussant des cris de fureur, agitant leurs armes, voyant derrière chaque bloc de pierre un ennemi qu'ils ne peuvent atteindre, et ne trouvant, pour assouvir leur rage et leur désespoir, que du granit contre lequel leurs cimeterres se brisent.

Méhémet-Ali, pendant ce temps, n'était pas, comme on l'a représenté, au milieu de ses troupes, commandant le massacre; il se tenait dans la pièce dont j'ai parlé, prêt à tout événement, ayant même fait disposer pour la fuite des chevaux tout sellés près d'une porte dérobée. C'est là que, dévoré d'inquiétude, ne sachant pas s'il pouvait compter sur la fidélité de ses Albanais, il attendait la fin du drame sanglant dont l'issue devait être pour lui ou la toute-puissance ou la mort. Son étoile lui donna la toute-puissance! Deux heures après, il put voir la citadelle jonchée des cadavres de ses ennemis. Deux mameluks seuls survécurent; l'un d'eux eut le courage de sauter du haut de la citadelle, et se releva sain et sauf d'une chute de près de cent mètres, amortie par le cheval qu'il montait. Un autre, pour lequel Méhémet avait une grande affection, avait été éloigné sous prétexte d'une mission, et échappa ainsi au sort terrible de ses compagnons. L'émotion que l'auteur de ce carnage éprouva, pendant qu'il s'exécutait, fut si forte qu'il en conserva, sa vie durant, des accès de hoquet nerveux. Libre dès lors de toute entrave, le génie de Méhémet-Ali se montra dans tout son éclat. Il appela près de lui des Européens capables de le seconder dans l'exécution de ses plans et de ses travaux. Des oliviers furent plantés; la culture du coton et de la canne à sucre fut poussée avec intelligence; des huileries, des filatures et des sucreries furent construites, tandis que, d'un autre côté, il organisait son armée sur le modèle de la nôtre. Ce n'est pas ici le lieu d'exposer les réformes et les créations de ce puissant génie, connues d'ailleurs : nous n'avons voulu que raconter un épisode, et nous nous hâtons de reprendre la suite de nos pérégrinations, interrompue à notre visite du Mekias.

Le Mekias, ou Nilomètre, situé près du vieux Caire, dans l'île de *Roudah* (le mot *Roudah* signifie *parterre des fleurs*), remonte aux temps les plus reculés. C'est une citerne rectangulaire, ayant une colonne au milieu, sur laquelle sont tracées des divisions, et communiquant avec le Nil. C'est là que, pendant la crue des eaux, on voit les progrès du fleuve. Quand ses eaux ont atteint la hauteur d'où dépend la prospérité du pays, l'Egypte entière se met en fête. Les troupes du Caire prennent les armes, et l'artillerie de la garde ouvre à coups de canon la digue, qui, une fois rompue, livre passage aux eaux fertilisantes du Nil.

De l'extrémité méridionale de l'île de Roudah, on aperçoit, à droite, à une certaine distance, un petit cap couvert de verdure, qui s'avance dans le Nil; c'est là, dit-on, que Moïse fut sauvé des eaux. Par une singulière coïncidence, on montre en face, dans le vieux Caire, la grotte où la Sainte Famille se réfugia pour se soustraire à la persécution d'Hérode. Quand on se souvient qu'Alexandre, César, Napoléon, ont foulé, eux aussi, cette terre, on ne peut se défendre d'une certaine impression mystérieuse, et l'esprit voudrait voir quelque chose de plus qu'un simple hasard dans ce rendez-vous que semblent s'être donné, à travers les temps, les deux plus grands chefs religieux et les trois plus grands hommes de guerre.

Il n'y a qu'un pas du Caire aux pyramides : nous étions impatients de les visiter. Nous traversâmes le Nil et nous nous mîmes en route sur des ânes. Nous apercevions de loin ces monuments gigantesques, qui paraissent être d'une seule pièce, et auxquels le soleil égyptien donnait une de ces teintes chaudes qui n'appartiennent qu'à l'Afrique. Nous affrontions pour la première fois à découvert ce soleil accablant, qui semblait réjouir nos guides au plus haut degré. La cavalcade, composée d'une quarantaine de personnes, s'avançait entre des champs de doura magnifiques, ayant devant elle, au loin, la chaîne Lybique avec ses sables arides et brûlants qui envahissent la plaine, jusqu'à ce que les eaux du Nil viennent la féconder. De distance en distance, des vols considérables de canards, d'oies sauvages, de spatules, de pélicans, venaient seuls animer cette nature dont le silence ne connaît même pas le bourdonnement des insectes. Nos âniers couraient autour de nous, encourageant nos montures et demandant à chaque instant un *bakshish;* ce qui répond à notre pour-boire, avec la seule différence que ceux-ci le demandent constamment et sans raison. Ils arrachaient des épis entiers de doura et les mangeaient avec avidité. Étonné de voir commettre ces dégâts sous les yeux de notre escorte, qui, loin de s'y opposer, y participait, je m'adressai à l'un d'eux, qui parlait un langage composé d'anglais et d'allemand fort dénaturé :

— Connais-tu le propriétaire de ce champ?

— Non.

— Pourquoi voles-tu?

— Moi pas voler.

— Comment, si j'arrachais ces plantes, ne serais-je point un voleur?

— Oui. Mais vous chrétien; lui Arabe, moi Arabe; nous frères.

Réponse assez curieuse, qui montre l'esprit de fraternité de cette race et sa profonde antipathie contre les chrétiens.

Cependant nous avancions, les sables de la chaîne Lybique devenaient éblouissants; peu à peu les pyramides laissaient distinguer leurs assises de pierres superposées et en retrait l'une sur l'autre. La plus grande des pyramides de Giseh est celle sur laquelle on monte ordinairement; les assises ont 90 centimètres en moyenne, et l'ascension se fait au moyen de deux Arabes, l'un devant pour vous tirer, l'autre derrière pour vous pousser. Ils vous hissent ainsi en chantant, selon l'habitude de l'Arabe, qui ne fait aucun mouvement sans psalmodier. Hérodote fait remonter l'origine de la grande pyramide à Chéops, trois mille deux cents ans avant Jésus-Christ.

Il y en a qui ont pensé que les pyramides avaient été construites pour servir de phares pendant les débordements du Nil; d'autres ont cru, mais trop naïvement, en vérité, qu'elles avaient été élevées comme des barrières contre l'invasion des sables du désert. Il est bien certain, aujourd'hui, que ces gigantesques et puérils témoignages de la vanité royale ne sont rien autre chose que de grands monuments tumulaires. Du haut de la grande pyramide, en suivant de l'œil la chaîne Lybique vers le sud, on aperçoit, à quinze ou seize kilomètres, les pyramides de Sakkarah, et plus loin celles de Dachour, construites les unes en pierre calcaire, les autres en briques crues, et n'ayant généralement de remarquable que leur masse. C'est au pied de la grande pyramide qu'est placé, comme un gardien mystérieux, le sphinx colossal, taillé dans le roc, et qui n'a pas moins de

13 mètres de haut et 27 de long. En passant devant cet éternel témoin des choses du passé, on se sent presque tenté de l'interroger, tant il y a de douceur et de bienveillante sérénité dans sa physionomie; mais son solennel mutisme impose le respect : on croit voir la divinité du silence.

La nuit nous arracha à ce spectacle et nous obligea de rentrer au Caire, pour nous rendre le lendemain à Saïdieh, où la commission pour le percement de l'isthme devait être reçue par le Vice-Roi.

IV

VISITE AU VICE-ROI. — SES RÉFORMES. — LE BARRAGE DU NIL. — L'ISTHME DE SUEZ.

Le Caire, 30 novembre 1855.

Pour nous rendre chez le Vice-Roi, il nous fallut descendre le Nil jusqu'à Saïdieh, où est la maison de plaisance de Son Altesse, à une heure du Caire. Saïdieh n'est point un palais; c'est un pied-à-terre gracieux et bien ombragé, situé à l'endroit où le Nil, se bifurquant, forme la pointe du Delta, principal centre stratégique de l'Égypte; cette position commande, en effet, tout le cours du Nil, et on peut de là, par les bateaux à vapeur, envoyer rapidement des troupes partout où leur présence est nécessaire. Devant Saïdieh s'étend un vaste

Champ de Mars; une armée de 10 000 hommes manœuvrait sous les ordres du Vice-Roi au moment de notre arrivée. A peine en fut-il informé qu'il vint au galop au-devant de nous, descendit de cheval, et, après la présentation qui lui fut faite de chacun de nous individuellement par M. de Lesseps, il nous fit asseoir autour de lui, tandis que le défilé des troupes se faisait devant nous et excitait notre admiration par leur bonne tenue et la précision de leurs mouvements. La cavalerie, au galop, et l'infanterie, au pas accéléré, défilèrent successivement, ainsi qu'une batterie d'artillerie légère, dont l'uniforme orange et noir était du plus bel effet. L'infanterie porte le pantalon blanc à la turque et les grandes guêtres blanches; une veste verte et une ceinture complètent, avec les épaulettes blanches et la calotte rouge, leur uniforme. Les cuirassiers, qui ont conservé la coiffure des Sarrasins avec la petite cotte de mailles tombant sur le cou, sont d'une tenue imposante et sévère.

La réception que nous fit Son Altesse fut des plus aimables. Comme il insistait pour nous faire asseoir et nous faire garder nos chapeaux sur la tête, M. de Lesseps lui dit :

— Altesse, vous traitez ces messieurs en têtes couronnées.

— Ne le sont-elles pas par la science? répondit-il fort gracieusement.

Le Vice-Roi Saïd-Pacha est âgé de trente-cinq ans. Il a une physionomie expressive, sur laquelle sont empreintes la dignité et l'énergie; il est d'un embonpoint peu ordinaire à son âge, mais qui ne l'empêche pourtant pas de monter à cheval et d'y faire très-bonne figure, comme nous avons pû le voir. Ses manières ont de l'aisance et de la distinction. Sa conversation, spirituelle et en excellent français, est celle d'un homme éclairé et bon; elle a du trait et de l'originalité. Il y a chez lui du caractère et de l'esprit français. Il a du cœur, il a du jugement et du tact. Il sait se faire obéir, et, ce qui est plus rare, il sait avoir des amis et se faire aimer comme un simple particulier. Parmi les hommes qui paraissent jouir plus spécialement de sa confiance, nous rencontrons trois Français : M. Kœnig-Bey, son ancien précepteur et aujourd'hui son secrétaire des commandements, dont tout le monde en Égypte reconnaît la capacité et le désintéressement; M. Linant-Bey, qui travaille depuis trente ans à fertiliser l'Egypte par un réseau d'innombrables canaux d'irrigation; M. Mougel-Bey, qui a su en si peu de temps exécuter l'immense barrage du Nil, près de Saïdieh.

Son Altesse est pénétrée du désir sincère de faire le bonheur de ses sujets; si des actes d'énergie sont quelquefois nécessaires dans un pays, où les préjugés et le fanatisme ont encore tant de force, la raison d'État seule les commande, et jamais le caprice.

Le Vice-Roi poursuit activement les réformes commencées par son père, et la paix vient à point seconder ses efforts. L'attention de Saïd n'étant plus absorbée par la crainte de voir son pays envahi ou son trône menacé, comme dans les commencements du règne de Méhémet-Aly, il peut consacrer toute son activité à des conquêtes plus utiles et plus humaines que celles obtenues par la force des armes. On a d'abord licencié une partie de l'armée, qui, du chiffre énorme de 180 000 hommes qu'elle avait atteint sous Méhémet, a été successivement réduite à 40 000. Ces troupes, continuellement exercées, bien instruites, valant mieux que les anciennes, laissent de plus à l'agriculture et à l'industrie un nombre de bras précieux, pour l'Égypte surtout, où la population fait défaut. Une autre réforme non moins importante est la liberté du commerce, accordée également par le vice-roi actuel; tel est l'essor que cette réforme va donner au pays, que, quoiqu'elle ne soit en vigueur que depuis un an à peine, nous avons pu voir à Syout, ville de 35 000 âmes, cent cinquante maisons en construction, et dont l'érection n'est due qu'aux bienfaits de cette liberté de commerce si ardemment désirée et enfin obtenue de l'intelligente hardiesse de Saïd. Pour éveiller le patriotisme presque endormi de ces populations, il a eu l'heureuse idée de faire composer et mettre en musique plusieurs poésies populaires, consacrées à l'amour de la patrie, aux sentiments d'honneur, de devoir, d'humanité et de grandeur d'âme. Il les fait chanter chaque jour à ses troupes, espérant que, rentrés dans leurs villages, les militaires répandront ces principes si peu connus des Arabes, et qu'il désire tant leur inculquer. C'est dans ces mêmes vues, c'est pour relever chez ces peuples le sentiment de dignité morale, qu'a été décrétée aussi l'abolition de l'esclavage.

Le pays est divisé en *pachaliks,* commandés par des pachas, avec des subdivisions administrées par des beys. Il y a une organisation sanitaire correspondante. Chaque chef-lieu de pachalik a son médecin en chef (la plupart sont des Européens), ayant des médecins secondaires sous ses ordres, et, dans chaque village, au moins un barbier vaccinateur. Dans le principe, les Arabes refusaient de laisser vacciner leurs enfants ; on a dû les y contraindre ; mais aujourd'hui ils les apportent d'eux-mêmes aux opérateurs. Ce sont les médecins qui sont chargés de l'état civil, et l'on ne peut enterrer que sur leur ordre, ce qui se fait toujours trois ou quatre heures après la mort.

Notre intention n'est point de passer ici en revue tous les travaux et toutes les réformes de Saïd-Pacha : ce sera la tâche des historiens de son règne. Nous ne pouvons nous abstenir cependant de dire quelques mots de l'œuvre colossale du barrage du Nil, si heureusement conduite et achevée sous l'active et intelligente direction de M. Mougel-Bey. Après le déjeuner, nous prîmes congé de Son Altesse et nous allâmes visiter le barrage, dont M. Mougel-Bey nous fit les honneurs avec sa complaisance et sa courtoisie ordinaires.

Qu'on se figure un immense pont dont les arches, un peu rapprochées les unes des autres, sont munies de portes de fer mobiles. Toute la construction est en briques rouges avec des chaînes et des angles en pierre de taille. A chacune des extrémités se trouve une écluse destinée à recevoir les bateaux qui ne pourraient passer sous les arches. L'ensemble en est fort beau et fort imposant; l'élégance et la force y sont réunies avec un bonheur qui atteste le rare talent de l'ingénieur qui l'a exécuté. Les avantages du barrage seront immenses. En Egypte, tout ce que touchent les eaux du Nil est d'une fertilité incroyable; tout ce qu'elles n'arrosent pas est aride; c'est ce qui faisait dire à Bonaparte : « Pas une goutte d'eau du Nil ne devrait arriver à la mer. » La Providence ne fait répandre ces eaux fécondantes qu'une fois l'an; le barrage sera une seconde providence qui pourra tout à la fois procurer des inondations artificielles à volonté, et régulariser les naturelles. Le barrage étant établi, comme nous l'avons dit, un peu au-dessous de la pointe du Delta, se trouve divisé en deux parties dont chacune coupe une branche du Nil, et qui forment ensemble un développement de plus de mille mètres. Cet ouvrage est en vue des pyramides, attestant par un contraste remarquable la diversité des temps et les progrès de l'humanité.

Les améliorations de tout genre dont je viens de parler, introduites en Egypte par Saïd-Pacha, suffiraient pour honorer son règne. Mais une ambition plus noble encore, parce qu'elle est d'un intérêt universel, donnera à son nom une glorieuse immortalité. Nous voulons parler du percement de l'isthme de Suez, et nous le faisons avec d'autant plus de plaisir que l'initiative de cette grande entreprise est due à un Français, qui a acquis déjà bien des titres à l'estime nationale en représentant dignement la France dans des circonstances mémorables, M. Ferdinand de Lesseps.

La question du percement de l'isthme de Suez est aujourd'hui une question résolue : résolue par la science, résolue par la sympathie des peuples, par le concours des gouvernements, par la confiance des capitaux. Ce projet consiste, comme on le sait, à ouvrir de Suez à Peluze, c'est-à-dire *directement* de la mer Rouge à la Méditerranée, un canal maritime capable de porter les plus grands navires. Tous les documents et mémoires relatifs à ce projet ont été réunis en deux volumes par M. F. de Lesseps. La question y est envisagée sous tous ses points de vue, historique, politique, scientifique et commercial. Tous les avantages qui doivent en découler pour le commerce et la civilisation, tous les travaux que nécessitera l'entreprise, y sont exposés avec le plus grand détail et la plus grande clarté. On y remarque plus particulièrement une notice historique due à la plume de M. Barthélemy Saint-Hilaire, dans laquelle le savant académicien retrace, avec sa fermeté de pensée et son talent d'écrivain bien connus, les différentes phases par lesquelles est passée, jusqu'à présent, la communication des deux mers. La propagande de la civilisation est la passion dominante du dix-neuvième siècle; c'est son caractère le plus général et le plus élevé. C'est cette passion qui a couvert de chemins de fer l'Europe et l'Amérique du Nord; c'est elle qui a répandu la navigation à vapeur sur toute la surface du globe; c'est elle qui va bientôt envelopper le monde entier dans un réseau de télégraphie électrique qui effacera toutes les distances et fera circuler comme l'éclair toutes les pensées. Le percement de l'isthme de Suez arrive à l'heure qui l'attendait, comme le corollaire et le complément de ces grandes découvertes qui, toutes ensemble, ouvrent aux destinées humaines une ère nouvelle.

Les deux mers les plus opulentes du globe rapprochées de plus de trois mille lieues; Ceylan et Bombay mises à vingt journées de l'Europe; la mer Rouge, avec ses richesses inexplorées, devenant un golfe de la Méditerranée; toutes les marines de l'Europe se précipitant par cette voie et allant porter aux populations à demi barbares de l'Asie et de l'Australie le mouvement, la vie, l'intelligence de l'Occident : tels sont les bienfaits que l'humanité recueillera du percement de l'isthme de Suez.

Au point où en est déjà arrivée cette entreprise, depuis un an seulement qu'elle est connue du public, et avec la faveur enthousiaste qui la seconde partout, l'exécution, on peut le dire, est désormais assurée. L'opposition de quelques particuliers jaloux, ou de quelques hommes d'État qui se renferment dans un patriotisme trop étroit, ne servirait, comme on a déjà pu le voir, qu'à la faire mieux apprécier et à la rendre plus populaire.

V

BAZARS. — COSTUMES. — MARIAGES. — COLLÉGE DES DERVICHES.

Esneh, 5 décembre 1855.

Après notre visite à Saïdieh, nous revînmes au Caire. Je ne puis quitter cette ville sans dire un mot sur ses bazars, qui sont le centre de la vie commerciale et sociale. C'est là que l'observateur étranger se sent perpétuellement attiré, quand il veut se donner le spectacle des mœurs orientales dans toute leur variété et tout leur naturel. Ces bazars ne sont autre chose que des rues recouvertes d'une tenture en bois ou en étoffe, pour abriter contre les rayons du soleil. De chaque côté s'élèvent de petites échoppes de quatre à cinq mètres carrés, exhaussées d'un demi-mètre au-dessus du sol, avec un tapis à l'intérieur, sur lequel est accroupi, dans un coin, un homme qui fume une longue pipe, entouré de ses marchandises. On soupçonnerait difficilement, dans cet homme qui vous regarde passer d'un air si indifférent, le cupide marchand qui va vous tromper et vous exploiter le plus habilement du monde. Peu semblables en cela à nos marchands, les Orientaux ont besoin d'être pressés de questions et de sollicitations pour se décider à produire leurs marchandises. Lorsque l'on s'adresse à l'un d'eux, après que le salut d'usage est échangé de part et d'autre, il vous demande un prix six ou huit fois au-dessus de la valeur de l'objet que vous désirez; vous discutez son prix, et cet homme, qui était si froid, s'anime, jure par Mahomet, par Allah, qu'il n'a pas surfait, et finit, au milieu des serments les plus solennels, par vous faire une réduction énorme, qui lui laisse cependant encore un bénéfice plus qu'honnête. Aux heures de la journée où les bazars sont le plus fréquentés, ils ont un aspect des plus curieux et des plus animés : les ceintures de soie, les étoffes brodées d'or et d'argent, les armes orientales suspendues devant les boutiques dans un désordre pittoresque, les acheteurs et les vendeurs débattant les prix à haute voix, le nom d'Allah retentissant de tous côtés, invoqué par cent bouches à la fois, les ânes traversant au milieu de tout ce monde, les cris des âniers : tout cela présente un tableau fort original, rendu plus piquant encore par la diversité des costumes.

Les hommes du peuple ne portent qu'une chemise plus ou moins courte; les femmes sont également vêtues d'une chemise, mais longue et en étoffe bleue, avec une sorte de grand péplum tombant de dessus la tête jusqu'aux talons. Leur figure est cachée par un morceau d'étoffe noire et triangulaire, fixé au-dessous des yeux et tombant en pointe jusqu'aux pieds. Le costume des femmes riches est impossible à distinguer sous l'immense fourreau de soie, noir, quelquefois blanc ou rose, dont elles s'enveloppent lorsqu'elles sortent. Leur figure est complétement recouverte d'un voile blanc, se rattachant à l'étoffe placée sur la tête par un petit morceau de bois rond qui monte le long du nez, entre les deux yeux, avec des ornements d'or ou d'argent. Rien de plus disgracieux, du reste. On n'aperçoit absolument que leurs yeux. Elles ont la paume des mains et les ongles teints en rouge. Les femmes du peuple ne fixant pas leurs voiles avec autant de soin, on peut leur voir quelquefois le visage. Elles sont généralement d'une figure peu agréable, mais expressive; elles se tatouent de bleu les joues, la lèvre inférieure et le menton; leurs cheveux sont graissés avec de l'huile. Toutes sans exception portent un collier et un bracelet dont elles ne se défont jamais et qu'on croirait nés avec elles. Rien ne dessine la taille, pas plus chez les femmes riches que chez celles du peuple; ces dernières, dont la chemise flottante laisse la poitrine à découvert, ont parfois des poses assez gracieuses; elles ont surtout une grâce particulière à porter les vases dans lesquels elles vont puiser l'eau pour les besoins du ménage.

La journée des hommes se passe à fumer, à prendre du café, à faire quelques visites; les femmes sont confinées dans le harem, d'où elles ne sortent que pour la promenade ou pour le bain, sous la surveillance des eunuques. Leur ignorance est extrême, la plupart ne savent pas lire; elles ne vivent que pour la toilette et les plaisirs des sens. Elles ne comprennent pas que les Européens puissent aimer leurs femmes sans les renfermer, et qu'ils leur permettent même de causer familièrement avec d'autres hommes. Avec de telles habitudes, le mariage en connaissance de cause semble difficile. Il se fait par l'office d'entremetteuses, qui instruisent les deux fiancés de leurs mérites respectifs, le mari ne devant voir sa femme que quelques jours après la cérémonie du mariage. Elle lui est amenée en grande pompe par les parents et amis; il l'introduit dans le harem, et là, il lève le voile pour la première fois. Si elle lui plaît, il pousse des cris de joie qui sont répétés par tous les assistants; dans le cas contraire, et si l'antipathie est trop forte, le divorce est là pour y remédier; ce qui a quelquefois lieu, comme on me l'a assuré, le jour même du mariage.

Mahomet a réduit à quatre le nombre des femmes légitimes; ce qui est illusoire, puisque le mari peut avoir autant de servantes concubines qu'il lui plaît. Du reste, la condition de la femme légitime ne diffère de celle des autres que par le droit de leur commander. Jamais on ne demande à un musulman des nouvelles de sa femme; il se considérerait comme vivement insulté, si on prenait cette liberté. Le temps des visites, chez les musulmans, n'est pas consacré, comme chez nous, à la conversation; il se passe presque en entier à boire du café et à fumer des tshibouks, que l'on ne peut refuser sous peine de faire une grave insulte à l'amphitryon. Le café se sert avec le marc et sans sucre, dans de fort petites tasses en porcelaine, sans pied; elles sont posées dans une sorte de coquetier ordinairement en cuivre, en or ou en argent. Chez les personnages riches, elles sont en filigrane venant du Sennâr, dont les habitants travaillent fort bien ces objets.

Une des scènes qui m'ont le plus frappé au Caire, c'est le service religieux célébré le vendredi au collége des derviches. Les étrangers y sont admis, et c'est à ce titre que nous y assistâmes. Le vendredi, on le sait, est le jour saint pour les musulmans. Après avoir traversé plusieurs ruelles étroites et des allées ombragées de sycomores et d'acacias verts, nous nous trouvâmes devant une petite porte donnant entrée dans un passage étroit, au bout duquel se trouvait une cour rectangulaire. A gauche, la maison des derviches; au fond, à droite, un minaret et une petite porte qui mène dans la mosquée. Au centre, un petit tertre avec quelques arbres, sous lesquels étaient étendues des nattes pour les assistants. Nous y prîmes place, et le café nous fut immédiatement offert; en attendant la cérémonie, nous pûmes examiner la physionomie des membres de l'assemblée, dont le nombre croissait à chaque instant. En face de nous se trouvaient quelques officiers supérieurs de l'armée égyptienne, venus aussi en curieux, et dont l'air calme et digne contrastait singulièrement avec la figure exaltée des dévots fanatiques qui les entouraient. Tandis que la conversation se faisait à demi-voix et avec le calme qui convient à des gens sur le point d'accomplir un devoir religieux dont ils sont bien pénétrés, les derviches allaient çà et là, offrant du café et des pipes à tout le monde. Ces derviches, portant d'énormes barbes et des cheveux tombant jusqu'à la ceinture, étaient coiffés de bonnets pointus, à quatre côtés, et rouges, d'environ quarante centimètres de hauteur, et bordés, à la partie inférieure, de poil de renard. Une robe longue, serrée à la taille par une ceinture de cuir, compose leur costume : c'étaient les derviches *hurleurs*. Peu après notre arrivée entrèrent trois hommes, jeunes encore, vêtus d'une robe longue d'un blanc sale, et portant par-dessus une seconde robe brune, ouverte par devant; leur coiffure consistait en un tronc de cône en feutre, gris-brunâtre, ressemblant à un pot à fleurs renversé : c'étaient les derviches *tourneurs;* ils avaient les cheveux ras et la barbe courte.

L'heure étant arrivée, tout le monde se dirigea vers la porte de la mosquée, à l'entrée de laquelle nous laissâmes nos souliers; après avoir traversé un vestibule, nous entrâmes dans la mosquée proprement dite, où nous prîmes place sur les nattes qui recouvraient les dalles de marbre blanc dont elle est pavée. L'intérieur en est fort simple : c'est une vaste salle carrée, recouverte d'un dôme, le tout blanchi à la chaux. Au milieu de l'une des parois, une niche, peinte en carreaux blancs et rouges, avec quelques mots du Koran écrits au-dessus, est tournée vers la Mecque, afin d'indiquer aux fidèles musulmans de quel côté ils doivent se tourner eux-mêmes au moment de la prière. Cette niche, que l'on retrouve dans chaque mosquée, porte le nom de *kibla*. A droite de cette kibla sont suspendues des hallebardes, des épées rouillées, ayant appartenu, dit-on, au prophète; à gauche, de petites cymbales et des tambours de basque de toutes dimensions. De chaque côté sont déployés les drapeaux de la mosquée, rapportés de la Mecque.

Les derviches se rangèrent silencieusement à genoux en un demi-cercle dont la kibla était le centre; à l'extrémité gauche étaient quatre aveugles, avec des espèces de flageolets ou de flûtes grossières; à l'extrême droite se tenaient les derviches tourneurs. Au milieu de l'espace resté libre, entre la kibla et le demi-cercle formé par les fidèles, était un derviche qui nous parut être le chef. La cérémonie commença par une note chantée et tenue par ce chef, qui fut répétée par tout le monde une vingtaine de fois; après quoi il en chanta une seconde un demi-ton plus haut, qui fut également répétée, d'abord piano et lentement, ensuite avec une intensité de son et une précipitation de mesure toujours croissantes. Ils accompagnaient ce chant de balancements de corps de droite à gauche. Arrivés à un diapason fort élevé, les hurleurs s'interrompirent sur un battement de mains de leur chef, se levèrent et reformèrent avec un soin extrême le demi-cercle, rompu par suite des mouvements qui avaient eu lieu.

Cette première partie de la cérémonie avait duré environ dix minutes, sans interruption aucune. Sur un nouveau signal du chef, tous jetèrent leur corps en avant, en tirant de la poitrine un son rauque, puis le rejetèrent vivement en arrière, en aspirant fortement. Cet exercice, commencé fort tranquillement, devint de plus en plus vif, et, par un crescendo rapide, il arriva à produire un vacarme épouvantable, à travers lequel on entendait de temps en temps quelques sons discordants de nos quatre aveugles, qui soufflaient à tort et à travers dans leurs semblants d'instruments. Pendant ce temps, un ou deux derviches tourneurs entrent dans le demi-cercle et se mettent à tourner, les bras étendus, les yeux fermés et la tête inclinée. Leur longue robe se déploie, et ils tournent avec une telle régularité, pendant un grand quart d'heure, qu'on croit voir des automates mus par un ressort; au bout de ce temps, ils sont remplacés par d'autres. Cependant l'exercice des hurleurs devenait très-violent; le chef paraissait diriger les mouvements, et les acteurs de cette scène, tout en faisant leurs contorsions, ôtaient peu à peu leurs habits, les jetant vers la kibla; le chef les mettait en tas. Enfin, au bout de cinq quarts d'heure de cet exercice, ils s'arrêtèrent, mais tellement exténués que beaucoup d'entre eux étaient obligés de se faire soutenir, étant à bout de forces. Les tambours de basque et les timbales furent décrochés, et pendant cinq minutes on fit, en les frappant avec des lattes de fer, un charivari incroyable. Nous taxions ces gens de folie, avec la présomption d'hommes appartenant à une nation éclairée; nous ne réfléchissions pas que tous les jours, à Paris, on peut assister à un spectacle aussi grotesque et certes plus immoral; je veux parler de la Bourse. La cérémonie se termina par un chant mineur, chanté à l'unisson, et qui, pour la musique, est à très-peu de chose près notre préface catholique. Nous sortîmes de là pleins de respect et de pitié pour tant de foi et d'extravagance.

VI

HAUTE ÉGYPTE. — SYSTÈMES D'IRRIGATION. — ASSOUAN. — ILE DE PHILÆ. — LE DÉSERT. — LA PREMIÈRE CATARACTE.

Ile de Philæ, 10 décembre 1855.

Nous voici aujourd'hui hors du Caire et remontant le Nil sur un bateau à vapeur, mis à la disposition de la Commission par la gracieuse obligeance du Vice-Roi.

Les voyageurs, en Égypte, remontent d'ordinaire le fleuve aussi vite que possible, se réservant de visiter les monuments en descendant; nous fîmes de même. Notre navigation sur le majestueux Nil nous intéressait au plus haut degré; nous pénétrions dans l'intérieur du pays proprement dit. On marche presque constamment escorté et, pour ainsi dire, menacé de la double chaîne de montagnes Libyques et Arabiques, dont les sables mouvants semblent à chaque instant prêts à envahir la vallée du Nil et à l'étouffer, si le fleuve, toujours victorieux dans cet éternel duel, ne subjuguait sans cesse ces terribles dévastateurs, en les forçant à la fertilité. Les palmiers-dattiers, que nous n'avions vus jusque-là qu'en bouquets, se montraient maintenant à nos regards sous la forme de grands bois. Les rives sont bordées de palmiers-doums, d'acacias verts, de mimosas. Les costumes des naturels devenaient de plus en plus légers, et nous les voyions circuler en quantité le long du Nil, dont les rives sont fort animées.

Une multitude d'hommes est constamment occupée à monter de l'eau pour les irrigations. Ils ont deux procédés pour cette opération. Le plus simple est celui qui s'applique aux endroits où les rives sont peu élevées. Ils disposent, suivant la hauteur de la berge, deux, trois ou quatre paniers, en nattes d'un tissu très-serré, sur de petites plates-formes ménagées en échelons le long de la berge; ces paniers, destinés à recevoir l'eau, sont posés à terre; sur chaque plate-forme se meut un levier portant un poids à l'une de ses extrémités, et à l'autre une corde au bout de laquelle est un second panier, servant à puiser l'eau. L'homme le plus près du fleuve, par un mouvement analogue à celui de nos puits de maraîchers, puise de l'eau et la verse dans le panier qui est posé sur le premier gradin; de ce premier gradin au second, l'eau est portée de la même manière, et ainsi de suite jusqu'au niveau du sol. Les naturels exécutent cette manœuvre très-vite, et font ainsi d'abondantes irrigations. Ce système hydraulique s'appelle une *shadouf*. Lorsque les berges sont trop élevées pour pouvoir se servir de shadoufs, on emploie la *saki*. La saki se compose d'un manége fort grossier, mis en mouvement par des bœufs, et commandant une roue verticale sur laquelle passe une corde sans fin; de deux mètres en deux mètres, la corde est munie d'un vase en terre, qui, arrivé à la partie supérieure, déverse son eau dans un tronc de palmier creux, placé là à cet effet.

La navigation se faisait rapidement. Tout notre temps se passait à regarder ces sites si nouveaux pour nous, peuplés d'habitants et d'animaux que nous ne connaissions que par les descriptions des voyageurs. Des troupes d'oiseaux aquatiques s'ébattaient sur les deux rives. Chaque îlot était littéralement couvert de milliers de canards et d'oies sauvages; à la pointe de chaque banc de sable était invariablement posté un héron, avec la prestance et les dimensions si bien décrites par notre fabuliste; le long des bords étaient rangées, en parfait alignement, des compagnies nombreuses de cormorans, entremêlés de groupes de spatules ou d'énormes pélicans, dont le plumage blanc tranchait singulièrement sur le noir des cormorans.

Un jour il se fit tout à coup un grand mouvement sur le bateau; chacun accourait, sa longue-vue à la main : on venait de signaler la présence d'un crocodile. Ce premier spécimen de la race amphibie qui s'offrait à nos yeux était énorme; j'évaluai sa longueur à près de dix mètres; il ouvrait son énorme gueule au soleil, laissant voir ses terribles mâchoires, avec leurs dents longues et pointues. Couché sur un banc de sable, parallèlement à l'eau, il plongea aussitôt que le bruit des aubes de notre bateau l'eut éveillé. Il était d'une couleur vert-foncé, qui n'est pas la couleur la plus générale de son espèce, car nous en vîmes le lendemain cinq ensemble d'un vert très-clair et presque jaune. Cet animal, qu'on nous représente comme si dangereux, est peu redouté en Égypte. Il est très-timide et ne se laisse pas approcher. Un Français de distinction, qui habite l'Égypte depuis trente ans, m'a affirmé qu'il était extrêmement rare que le crocodile attaquât, et que ce n'était jamais que sur le bord de l'eau: ayant alors ses quatre pattes pour point d'appui, il renverse d'abord sa proie d'un coup de queue, et la dévore ensuite. A l'appui de cette assertion, la même personne me disait que, pendant les inondations, on envoie les dépêches par des hommes qui, placés sur des outres, se laissent aller au courant du Nil; or il n'y aurait pas d'exemple de malheur arrivé à ces singuliers courriers par des crocodiles. Nous en vîmes d'autres encore avant d'arriver à Assouan, où se trouve la première cataracte du Nil, frontière de la haute Égypte et de la Nubie. Dans les derniers jours de notre navigation, les pays que nous traversions devenaient de moins en moins cultivés. A Assouan, on ne connaît déjà plus guère que le palmier, dont les dattes forment un commerce important en ce pays. La petite ville, avec ses maisons ceintes de palmiers, se présente sous un assez bel aspect. Vis-à-vis est l'île d'Éléphantine, remarquable par la vigueur de sa végétation et par sa population, qui a déjà le type nubien marqué. Les habitants sont plus beaux, plus grands, plus forts que ceux de l'Égypte.

Le fleuve, en cet endroit, est parsemé de blocs de basalte couverts d'inscriptions hiéroglyphiques. Pendant notre promenade dans l'île d'Éléphantine, nous remarquâmes deux enfants en bas âge qui jouaient sur le sable, non loin d'une hutte; nous nous approchâmes d'eux, frappés de leur vigueur et de leur beauté, et ils se mirent aussitôt à pousser des cris déchirants, se cachant la figure pour éviter nos regards. La mère accourut et les emporta d'un air effrayé. Nous apprîmes que lorsque des chrétiens regardent et admirent un être vivant, homme ou animal, les Arabes disent qu'on lui jette un sort : ils appellent cela le *mauvais œil*.

Au-dessus de la première cataracte se trouve l'île de Philæ, si vénérée dans l'antiquité, et qui est encore aujourd'hui particulièrement recherchée des voyageurs. D'Assouan, on y va en deux heures, à cheval ou à dos de chameau, à travers le désert. En quittant la ville, on monte pendant environ dix minutes, puis on descend au milieu d'un vaste cimetière, au delà duquel est le désert. Ni les tableaux des peintres, ni les descriptions des poëtes, ne peuvent rendre l'effet, désolant et grandiose, de cette immensité où règne le néant; l'âme se sent attristée, rapetissée, effrayée, devant ce lugubre infini.

Un peu à gauche de la direction que nous suivions, se trouve, sur une élévation, un obélisque en granit rose, poli, avec sa pointe déjà taillée, mais couché et tenant encore par une face au roc dans lequel il est découpé. Nous continuïons notre route à travers ce chaos de pierres calcaires et de granit noyés dans une mer de sable, lorsque nous débouchâmes inopinément sur le village de Mahatta. Nous fûmes réjouis de nous retrouver en terre humaine, de revoir les huttes, les palmiers et notre beau Nil. A Mahatta, les rives du fleuve sont animées par une quantité de barques qui descendent de la Nubie, faisant l'échange des produits de l'Abyssinie, et de ceux de l'Égypte et de l'Europe. Nous nous embarquâmes sur un bateau qui nous fit traverser les îles rocheuses dont le fleuve est parsemé à cet endroit. Comme nous avancions lentement, nous pûmes admirer tout à l'aise ces sites pittoresques, dont l'enchantement va toujours croissant, à mesure qu'on approche de l'île de Philæ. Arrivé là, le spectacle devient plus imposant encore; l'œil n'a que des étonnements de tous côtés : à gauche, l'île sacrée avec ses belles ruines; à droite, la cataracte grondant dans sa passe étroite; et tout autour de nous, des amas de grands rochers, dont la couleur noirâtre donnait un aspect solennel au paysage, embelli par une étroite bande de verdure qui sépare l'eau des rochers.

Tout autour de l'île de Philæ, les rochers sont couverts d'inscriptions hiéroglyphiques, comme à Assouan. Une sorte de terreur religieuse vous saisit en mettant le pied sur le sol sacré de cette île, qui fut vénérée dans la sage antiquité comme l'est aujourd'hui la Mecque pour les musulmans, et Jérusalem pour nous. On est arrêté à chaque pas par la majesté des monuments religieux, autant que par la beauté et la finesse des détails. L'esprit cherche à se retracer en souvenir le mouvement et la splendeur de ces temples, alors qu'ils étaient animés par une multitude de pèlerins, servis et habités par des familles sacerdotales, qui réunissaient la double suprématie de la science et du pouvoir. Mais tandis que l'imagination du voyageur travaille à évoquer les âges endormis, le silence et les ruines qui l'entourent le rappellent malgré lui à la triste réalité des civilisations éteintes.

On sait que, dans la religion égyptienne, les deux grandes divinités sont Osiris et sa femme Isis, représentés l'un et l'autre sous une infinité d'emblèmes. Le principal temple de l'île était consacré à Osiris et gardait sa sépulture vénérée; on retrouve sa figure dans tous les hiéroglyphes, sous des formes et avec des rôles divers. Un autre temple, dédié à Isis, représente dans ses sculptures cette déesse au moment où elle met au monde son fils Horcus. Deux autres temples, plus petits, sont dédiés, l'un à Athor, l'autre au dieu Nil. Il y en a un aussi en l'honneur d'Esculape, d'une architecture bien moins ancienne. Nous laissons aux savants la description minutieuse de ces curieux et instructifs monuments. Notre but n'est point ici de faire de l'archéologie; nous jetons seulement au courant de la plume nos souvenirs et nos impressions de touriste. Voyageur français, nous ne devons point omettre une inscription que nous avons lue, avec un sentiment de fierté nationale, sur le propylon ou grand portail du temple d'Osiris. La voici dans sa teneur et dans sa forme :

L'AN VI DE LA RÉPUBLIQUE,
LE 13 MESSIDOR,
UNE ARMÉE FRANÇAISE, COMMANDÉE
PAR BONAPARTE, EST DESCENDUE
A ALEXANDRIE.
L'ARMÉE AYANT MIS, VINGT JOURS
APRÈS, LES MAMELUKS EN FUITE
AUX PYRAMIDES,
DESAIX, COMMANDANT LA
PREMIÈRE DIVISION, LES A
POURSUIVIS AU DELA DES
CATARACTES, OU IL EST ARRIVÉ
LE 13 VENTOSE DE L'AN VII.

LES GÉNÉRAUX DE BRIGADE
DAVOUST, FRIANT ET BELLIARD;
DONZELOT, CHEF DE L'ÉTAT-MAJOR;
LATOURNERIE, COMMANDANT L'ARTILLERIE;
EPPELER, CHEF DE LA 21e LÉGÈRE :
LE 13 VENTOSE AN VII DE LA RÉPUBLIQUE.

GRAVÉ PAR CASTEX, SCULPTEUR.

Nous rentrâmes à Assouan charmés de toutes les belles et grandes choses que nous venions de voir. Mais le jour devait finir bien tristement pour moi. La Commission, ayant terminé ses travaux le long du Nil, ne devait pas aller plus loin; elle avait hâte de retourner en Europe, où tous ses membres occupent des positions élevées. J'avais résolu, de mon côté, d'accord avec un autre Français de mes amis, de remonter jusqu'aux confins de la Nubie. Nous avions affrété une barque à Mahatta, et le moment de nous séparer de la Commission était venu. Ce ne fut pas sans un serrement de cœur que nous vîmes s'éloigner le bateau qui emportait à Alexandrie cette société d'hommes illustres, qui nous avaient honorés de tant de bonté, et dont un particulièrement, M. Barthélemy Saint-Hilaire, était pour moi un ami et un père. Nous étions désormais abandonnés au milieu de ces pays à demi barbares, à plus de deux cents lieues de la Méditerranée, et ne tenant plus à la France, à nos familles et à nos amis, que par le cœur.

VII

NUBIE. — NAVIGATION ÉGYPTIENNE. — ENTERREMENT NUBIEN. — DEUXIÈME CATARACTE.

Deuxième cataracte, 14 décembre 1855.

Poussés par un vent des plus favorables, nous franchîmes, dès la première soirée, le tropique du Cancer; la latitude sous laquelle nous étions se révélait, du reste, par l'élévation de la température : nous étions en décembre, et la chaleur dépassait celle des jours caniculaires en France.

Ces voyages du Nil se font sur des barques de plus ou moins grande dimension. L'avant est réservé à l'équipage et au cuisinier qui y a son fourneau recouvert d'un petit abri; à l'arrière s'élèvent les cabines, sur le haut desquelles se tient le pilote. Elles se composent ordinairement de quatre petits cabinets pour coucher, d'une salle à manger ou salon, puis, tout à fait à l'arrière, d'un petit réduit pour fumer et dormir après le repas, ce qu'on appelle faire son *kief*. Ces barques sont meublées aux frais des voyageurs et selon leur fantaisie; aussi en voit-on quelquefois d'extrêmement riches. Les voyageurs des différents pays y arborent leur pavillon national, et quand deux pavillons viennent à se croiser, on ne manque jamais de faire des salves militaires. On loue ces barques ordinairement au mois ou au voyage, avec l'équipage, qui se compose de huit, douze, seize ou dix-huit hommes, sans y comprendre l'interprète et le cuisinier, qui sont de rigueur. Le capitaine porte le nom de *Raïs*. Derrière la barque est un canot pour aller à terre chercher les provisions, ou pour poursuivre le gibier blessé. Une immense voile latine se déploie à l'avant; quand le vent fait défaut, on cargue la voile, et des hommes, descendant sur le rivage, tirent à la corde.

Quand le vent est favorable, l'équipage inoccupé se livre à des distractions qui paraissent lui faire éprouver un vif plaisir. Elles consistent à entendre un des leurs qui raconte des anecdotes, ou qui chante des chansons accompagnées de danses et de battements de mains. Il y a toujours un artiste de ce genre, espèce de troubadour, attaché à chaque équipage. Il se fait accompagner de l'instrument national, le *tarabouck :* c'est un vase de terre creux, de forme conique, et fermé à la base par un parchemin que l'on bat des mains, sur un certain rhythme fort monotone, qui sert d'accompagnement aux chansons du pays et aux danses.

L'équipage fait deux repas par jour, qui se composent de dattes quelquefois, maïs plus généralement de doura écrasé en menus morceaux et mis en bouillie; ils font cette bouillie dans un plat de bois, et, s'accroupissant tous autour du vase, ils y puisent avec les trois premiers doigts de la main. Parfois, lorsqu'ils ont reçu quelque gratification, ils y ajoutent un morceau de mouton. Quoique la religion défende de manger de la chair d'animaux qui n'ont pas été saignés avec un couteau, les hommes de notre équipage savouraient cependant, sans trop de scrupule, tous les hérons, cormorans et pélicans que nous tuïons. Après avoir mangé à la même gamelle que les autres, le Raïs s'assied gravement au pied du mât, croise les jambes, et reçoit une tasse de café des mains du cuisinier de l'équipage, et sa pipe de celles du mousse. Nous avions grand'peine à fournir convenablement notre garde-manger : le mouton, qui abonde en Égypte, et qui est la seule viande du pays, était fort rare et très-peu ragoûtant en Nubie; notre équipage en découvrit cependant un passable que nous partageâmes avec eux. Une chose qui frappe beaucoup les voyageurs, c'est que la viande crue se conserve parfaitement, pendant plus d'une semaine, suspendue à la vergue, sans la moindre altération. Cela est dû probablement à la grande sécheresse de l'atmosphère. La soupe, faite quelquefois avec des poules et le plus souvent avec des tourterelles rouges, qui foisonnent dans les palmiers et les arbres à gomme, était relevée de temps en temps par un corbeau noir.

Nous étions en pleine Nubie; le pays est beaucoup moins cultivé et moins peuplé que l'Égypte. Le fleuve, la plupart du temps, n'est séparé du désert que par une étroite bande de verdure. Nous n'y retrouvions plus les beaux champs de cannes à sucre et de cotonniers; par contre, nous y fîmes connaissance avec l'arbre à gomme, avec le vigoureux ricin, avec la coloquinte, avec l'indigo et le lotus sacré, toutes plantes nouvelles pour nous. Les oiseaux devenaient de plus en plus rares; en revanche, les crocodiles pullulaient. Il ne se passait pas de jour que nous n'en vissions huit ou dix. Il y a, en Nubie comme en Égypte, de vastes colombiers dans lesquels les pigeons se multiplient à l'infini et fournissent aux habitants un excellent guano. Par un motif religieux, les naturels s'abstiennent de tuer eux-mêmes les pigeons, qui causent cependant de très-grands dégâts dans les champs; mais ils viennent chercher les voyageurs européens, et sont enchantés lorsque ceux-ci en abattent quelques-uns. Pour protéger leurs récoltes contre ces volatiles et contre les moineaux qui y foisonnent, ils se contentent d'élever, de distance en distance, une petite colonne en terre, d'environ deux mètres de haut, sur laquelle se place un enfant armé d'une fronde; dès qu'une troupe d'oiseaux s'abat dans le champ à la garde duquel l'enfant est proposé, celui-ci se met à jeter des pierres et à crier pour faire envoler les destructeurs ailés, qui n'en font pas moins de fâcheux ravages. Quand on se trouve sur des terres cultivées, d'une certaine étendue, les cris de ces enfants, répétés sans cesse sur tous les tons, font un vacarme, un brouhaha semblable à la clameur des foires. Les habitants de la Nubie, ainsi que je l'ai déjà dit, sont plus beaux et plus forts que les Égyptiens; ils sont aussi d'un naturel plus doux et un peu enfantin. Le sentiment qui paraissait les dominer, quand nous allions à terre, était celui de la curiosité. Lorsque nous faisions une marche un peu longue, une forte escouade de curieux nous escortait du village que nous venions de traverser jusqu'au village suivant, où elle était relevée par une nouvelle troupe qui nous suivait de même. Nous étions continuellement assaillis du cri de *Bakshish*, qu'ils répétaient tous à l'envi, hommes, femmes, enfants, en s'adressant à notre bourse. J'imagine que c'est le premier mot que les enfants apprennent; car j'en ai vu qui pouvaient à peine marcher et qui le prononçaient fort distinctement. Les hommes, occupés aux travaux de l'agriculture, ne portent le plus ordinairement pour tout costume qu'une corde qui leur ceint les reins. Les femmes, qui sont remarquablement bien faites, ont une ceinture de cuir d'où tombent de petites franges. Elles laissent leur visage à découvert et sont d'un aspect assez avenant, à part cependant la fantaisie que quelques-unes ont de se suspendre des bijoux aux cartilages du nez, qu'elles percent comme chez nous on perce les oreilles. Toutes portent un bracelet en argent.

Les maisons sont faites de terre, un peu en pyramide, et lissées à l'extérieur; ce qui leur donne un air de propreté rare dans ces pays. L'argent y est peu connu; ce qu'on achète, il faut le payer ou avec du cuivre, ou avec des charges de poudre, dont les habitants sont très-avides.

La Nubie est fort peu habitée aujourd'hui, puisque la population ne s'élève pas à plus de trente mille habitants; mais elle l'a été certainement beaucoup plus, à en juger par la quantité de temples qui subsistent encore, et dont quelques-uns sont bâtis sur de grandes proportions. Nous passâmes successivement devant plusieurs de ces temples, avant d'arriver à Derr, capitale de la Nubie. Quoique portant le nom de capitale, Derr n'est qu'un petit village. Elle est située sur la rive droite du fleuve et parfaitement bien ombragée de palmiers. Nous y fûmes retenus par un spectacle fort curieux pour nous, qui dénote bien le peu de civilisation qui existe dans ces pays.

Le fils du cadi venait de mourir : nous arrivions trois heures après sa mort, au moment où on allait l'enterrer. La population était rassemblée, les hommes d'un côté, fumant le tshibouk, les femmes plus loin, poussant des gémissements; tous étaient accroupis et parés de leurs plus beaux habits. On commença par laver le corps du défunt; puis on le mit dans un linceul et on le recouvrit du drap mortuaire, qui est d'une couleur rougeâtre. Pendant ce temps, le tarabouk résonnait, accompagnant des danses exécutées par les femmes. Quelques-unes d'entre elles, armées de lances, les brandissaient en tous sens; d'autres se barbouillaient la figure d'un liquide noir qui bleuissait en se séchant; d'autres se couvraient la tête de poussière. Tout cela était entremêlé de cris perçants de désespoir, jetés par les parentes du défunt et par les pleureuses salariées. On se mit ensuite en marche vers le lieu de la sépulture, dans l'ordre suivant : deux rangs d'aveugles, chantant à l'unisson des versets du Koran, sur un air fort monotone; puis les femmes gambadant, brandissant toujours leurs lances, poussant toujours leurs lamentations, et agitant autour de leur tête une sorte de mouchoir noir, pour chasser les mauvais esprits. Pendant ce temps, l'immanquable tarabouk ne cessait de faire entendre sa musique, digne accompagnement d'un pareil vacarme. Le corps, porté sur les épaules de quatre hommes, était entouré des parents et amis. Les porteurs se renouvellent très-fréquemment, chaque passant se faisant un devoir religieux de cette marque de piété envers les morts. Les musulmans se font enterrer debout, dans un caveau. Une sorte de cheminée reste ouverte, afin que les survivants puissent venir s'entretenir avec celui qui leur a été enlevé. Lorsque la famille est pauvre, on enterre dans une fosse, le corps étant recouvert d'un simple linceul. L'extérieur du tombeau ne se compose généralement que de quelques pierres disposées en ellipse, et d'une branche de palmier ou d'un aloès planté en terre pour indiquer le côté de la tête. Les plus riches n'ont sur leurs tombes que deux grandes pierres plates et rectangulaires, posées en retrait l'une sur l'autre. Si c'est un Turc, une troisième pierre s'élève verticalement, au sommet de laquelle un turban est grossièrement sculpté.

Quelques jours encore, et nous allions atteindre Ouadeh-Halfa, petit village sur la rive droite du fleuve, situé au milieu d'un beau bouquet de palmiers, près de la deuxième cataracte du Nil. Nous touchions au terme extrême de notre voyage et aux limites de la Nubie; nous étions à trois cents lieues de la Méditerranée, à plus de mille lieues de Paris. Le spectacle que nous allions avoir sous les yeux vaut à lui seul la peine de ce voyage. Pendant que l'équipage démontait la voilure devenue inutile, puisque l'on descend à la rame, nous fîmes une marche de deux heures dans le désert, pour monter sur le rocher d'Abousir, qui domine la cataracte de plusieurs centaines de pieds. Quand l'œil plonge pour la première fois de cette hauteur dans le gouffre, au fond duquel se déroule et se précipite, à travers les sombres rochers qui s'opposent à son passage, cet immense torrent, large de près d'un quart de lieue; quand, au milieu du silence lugubre du désert, on entend monter de ces profondeurs le majestueux mugissement des ondes, c'est le vertige qui vous saisit, c'est l'admiration, c'est l'extase : la nature est là dans toute sa grandeur et son âpreté la plus sauvage. Et quand le regard se relève ensuite de cet abîme, et qu'il se perd dans l'immensité d'un ciel ardent et sans tache, à travers l'aspect désolé d'un horizon sans limites, alors la terreur de l'infini vous envahit et vous écrase par le sentiment de votre néant.

VIII

DESCENTE DU NIL. — IPSAMBOUL. — TEMPLES DE NUBIE. COLONIE AUTRICHIENNE. — RETOUR A PHILÆ.

Ipsamboul, 18 décembre 1855.

Nous étions arrivés le matin à la seconde cataracte; nous en repartîmes à la tombée de la nuit pour descendre le Nil, tristes, en pensant que nous ne reverrions sans doute plus jamais cette grande merveille de la nature, dont le spectacle nous avait tenus ravis pendant toute une journée. Nous nous étions laissés aller, en remontant le fleuve, à la contemplation de la nature; nous allions maintenant visiter, en descendant, les monuments antiques.

La première chose qui attira nos regards fut une excavation dans des rochers à pic, à douze mètres environ au-dessus du fleuve, sur la rive droite : ces rochers portent le nom de Djebel-Addah. Nous gravîmes le roc et nous nous trouvâmes, sans nous en douter, à l'entrée d'un temple où l'on devait, trois mille ans avant nous, arriver par des rampes partant de la rive. Nous entrâmes dans un petit vestibule carré, supporté par quatre piliers assez grossièrement taillés. Nous pénétrâmes ensuite dans le sanctuaire, au fond duquel gisait un tronçon de statue. Le tout est creusé dans le roc et semé d'hiéroglyphes fort curieux, qui ont seulement eu le malheur d'être recouverts, par les chrétiens des premiers siècles, d'une sorte de torchis sur lequel ils ont peint des figures de saints. Mais ce plâtras est presque entièrement tombé, ce qui permet d'admirer les sculptures primitives. Nous remarquerons ici que tous les temples égyptiens sont disposés à peu près comme celui-ci. D'abord un grand vestibule, qui servait de nef pour les assistants; après cela le sanctuaire, où les prêtres seuls pénétraient, et, autour du sanctuaire, diverses chambres qui servaient à loger les prêtres et leurs familles. Dans les grands temples, le sanctuaire est séparé du vestibule par une ou plusieurs pièces intermédiaires.

Quelques heures après, nous mouillions devant les deux célèbres temples d'Ipsamboul. Le voyageur reste ébahi à l'aspect des dix figures colossales qui sont placées à leur entrée. Quels étaient donc ces hommes qui, des milliers d'années avant nous, découpaient et fouillaient des montagnes de roc pour en faire leurs temples, qui remuaient des blocs énormes comme nous remuons des briques, et chez lesquels l'art atteignait les dernières limites du fini? A quel degré de puissance et d'harmonie devaient être arrivés, chez eux, la foi qui les poussait à entreprendre de si majestueux monuments pour honorer les dieux, l'art qui en traçait les plans, et la science qui les exécutait?

Les deux temples d'Ipsamboul sont de la même époque, ayant été construits tous les deux par Ramsès III, dit *le Grand*, plus connu sous le nom de Sésostris, 1500 ans environ avant l'ère chrétienne. Nous visitâmes d'abord le petit temple, ainsi appelé relativement au second, qui est immense. Sa façade, à peu près parallèle au Nil, est taillée dans le roc et en talus. Elle se compose de six statues colossales, sculptées en haut-relief dans autant de niches rectangulaires, couvertes d'hiéroglyphes fort bien conservés.

Ces colosses reproduisent trois fois, dans la même attitude et les mêmes proportions, Sésostris et sa première femme entourés de leurs enfants. Ces derniers, dont la tête arrive à peine aux genoux des colosses, ont deux fois la taille d'un homme; on peut juger par là de la grandeur des colosses eux-mêmes. A l'extérieur du temple, et à droite, on remarque un grand bas-relief représentant Ramsès le Grand, auquel un prince éthiopien présente l'emblème de la victoire. Au milieu des six colosses se trouve la porte d'entrée, assez petite, probablement pour maintenir plus de fraîcheur à l'intérieur. Le plafond du grand vestibule est soutenu par six piliers carrés, remplis d'hiéroglyphes et ornés à la partie supérieure de têtes de Vénus-Athor, avec sa coiffure symbolique, qui se compose de deux cornes de vache entourant le disque de la lune. On y remarque des traces visibles de peintures; les couleurs employées sont principalement le jaune, le rouge et le bleu; mais le bleu domine; il est fort beau et franc, tandis que le jaune et le rouge sont un peu ocreux. Les hiéroglyphes du vestibule représentent des individus de la caste militaire, revêtus de cottes de mailles et offrant des dons aux divinités; plus loin, on voit le grand Ramsès, ayant à ses pieds des esclaves de races différentes, qui représentent les peuples subjugués par lui. Après le grand vestibule se trouve une pièce de moyenne grandeur, suivie de deux autres plus petites, dont l'entrée nous fut disputée par des légions de chauves-souris; enfin le sanctuaire, dont les hiéroglyphes représentent la déesse Vénus-Athor dans une infinité de postures et de rôles différents, mais le plus souvent sous la forme de la vache sacrée, à tête de femme, symbole vivant de Vénus chez les anciens Égyptiens. La profondeur du temple est de trente mètres environ; la hauteur est en proportion, ce qui représente un vaisseau considérable, et qui le paraîtrait plus encore sans le voisinage du grand temple.

Ce dernier est dédié au dieu Phré, à tête d'épervier. La façade présente quatre colosses assis, de plus grande dimension que les premiers; c'est encore Sésostris, reproduit quatre fois avec ses enfants entre les jambes. Au-dessus de la porte d'entrée, placée également au milieu, on voit, dans une niche rectangulaire, le dieu Phré; la partie supérieure se termine par une rangée de vingt-huit cynocéphales, emblèmes de la justice divine. Les quatre colosses, tout à fait semblables, n'ont pas moins de soixante pieds de haut, quoique assis; les oreilles ont un mètre et demi. Malheureusement, le sable roule du haut des rochers entre les deux temples et obstrue une partie de la façade du grand temple. On est obligé de se laisser glisser à plat-ventre sur le sable pour pénétrer dans l'intérieur, que l'on visite à la lueur des torches. Le vestibule, qui a environ vingt mètres de long sur quinze de large, a son plafond soutenu par huit statues colossales d'Osiris. Les murs, les plafonds, tout l'intérieur est rempli de sculptures hiéroglyphiques; il n'y a pas un endroit large comme la main de perdu. Sur le plafond du vestibule sont sculptés des éperviers, les ailes déployées; les sculptures des murs représentent Sésostris dans toute la suite de ses combats et toute sa gloire militaire. Huit salles assez petites ont leurs entrées sur ce vaste et superbe parvis. Un second vestibule, de moyenne dimension, fait suite au premier et est soutenu par quatre piliers, dont les hiéroglyphes, ainsi que ceux des murs, ne présentent que des sujets religieux. Ce second vestibule communique par trois entrées avec une salle transversale, à l'extrémité de laquelle se trouve le sanctuaire, dont le fond est à 70 mètres de la porte d'entrée. Au milieu de ce sanctuaire s'élève une sorte de piédestal sur lequel on faisait les sacrifices et l'on déposait les offrandes. Derrière, et adossées au mur, sont quatre statues assises, représentant Sésostris avec trois dieux.

L'air de majesté placide et bénigne répandu sur la face de tous ces dieux, de toutes ces statues, en est le trait caractéristique, qu'on remarque toujours avec un nouvel étonnement et un nouveau plaisir, même après les avoir vus cent fois : les dieux et les rois étaient conçus par les Égyptiens comme essentiellement bons.

On donne le nom grec de *spéos* à ces temples creusés dans le roc. Les spéos que nous visitâmes, après ceux d'Ipsamboul, furent les quatre d'Ibrim. Sur le haut du rocher dans lequel ils sont creusés sont les ruines de l'ancienne Premnis, importante place forte des Romains, dans le temps où ils occupaient l'Égypte. Ces petits temples, curieux par leurs hiéroglyphes peints, nous touchèrent peu; nos souvenirs d'Ipsamboul étaient encore trop récents.

Le temple de Derr, qui vient ensuite, est dans un état déplorable de dégradation. On voit les ruines d'un portique en plein air, soutenu par quatre grandes statues; le reste du temple était entièrement creusé dans le roc. Il était dédié à Ammon-Ra, divinité suprême. Six piliers encore couverts d'hiéroglyphes supportent le grand vestibule. Au fond du sanctuaire gisent les restes informes de quatre statues assises. Ce temple est situé en dehors de la ville de Derr, au pied de la chaîne Arabique.

Un peu après Derr, sur la rive gauche, se trouvent les ruines du temple d'Amada, qui est aux trois quarts envahi par les sables; quelques hiéroglyphes ont pourtant conservé de vives couleurs. M. Champollion jeune a traduit la dédicace hiéroglyphique qui se voit des deux côtés de la porte. Voici cette traduction : « Le Dieu » bienfaisant, Seigneur du monde, le Roi (Soleil stabili- » teur de l'univers), le fils du Soleil (Touthmosis), mo- » dérateur de justice, a fait ses dévotions à son père, le » Dieu Phré, le Dieu des deux montagnes célestes, et » lui a élevé ce temple en pierre dure; il l'a fait pour » être vivifié à jamais. »

Quatre heures après, nous touchions à Korosko, situé sur la rive droite du Nil, et point de départ des caravanes qui vont au Darfour, au Soudan et au Dongola. En débarquant pour chercher quelques provisions, nous ne fûmes pas peu surpris de voir, au milieu d'une multitude d'objets, d'ustensiles et de meubles de nos pays, plusieurs Européens réunis autour d'une tente. En nous apercevant, ils accoururent à nous, et nous apprîmes qu'ils appartenaient à une colonie moitié religieuse et moitié industrielle que l'Autriche a fondée au Soudan, en 1848. Tous les trois ans, on engage pour cette colonie un certain nombre de cultivateurs et d'artisans, pour trois années, à l'expiration desquelles ils sont relevés par d'autres. Cette expédition était la quatrième et se composait de quinze personnes, parmi lesquelles quatre prêtres. Ils avaient quitté le Caire depuis plusieurs mois, et étaient sans nouvelles d'Europe; ces bonnes gens avaient une sorte de joie enfantine de nous voir et de nous entendre parler la langue de leur pays. Nous nous chargeâmes de leurs lettres et nous reprîmes le cours de notre navigation, souhaitant un heureux voyage à ces dignes propagateurs du christianisme, qui avaient encore six semaines à faire à dos de chameau avant d'arriver à leur destination.

Le temple de Sebouah, sur la rive gauche du fleuve, vint bientôt nous replonger dans nos études du passé. Ce temple est presque entièrement défiguré par les sables. On y arrivait par une allée de sphinx dont quelques-uns montrent à peine aujourd'hui une partie de la tête. L'allée de sphinx commençait par deux statues colossales de Ramsès II. Ce temple date de 1600 ans avant l'ère chrétienne.

Le temple de Maharakkah, qui vient ensuite, est petit et complétement en ruines. La seule chose curieuse que l'on y remarque, ce sont les restes d'un escalier tournant, le seul que j'aie vu dans les nombreuses ruines que nous avons parcourues.

Dakkeh possède un temple qui est un des mieux conservés et des plus complets. Du propylon (grand portail) part un mur d'enceinte fort bien construit. Il est de différentes époques, et plus solide qu'élégant.

Un autre temple, creusé dans le roc, nous attendait un peu plus bas. C'est celui de Kircheh. Un portique soutenu par des colonnes est la seule partie qui se trouve à l'air. La première salle a son plafond soutenu par six Osirides, dont la face est loin d'être aussi belle que celle des Osirides d'Ipsamboul. Dans les murs, couverts d'hiéroglyphes admirablement finis, sont huit niches rectangulaires, contenant chacune trois figures. Celle du milieu est toujours le dieu Ra; celle de gauche lui passe le bras autour du cou.

Le temple de Garby-Dandour, voisin du précédent, a son mur d'enceinte encore en fort bon état; un pylône en ruines et une grande chambre sont les seuls restes de ce temple, adossé à la chaîne Libyque, et dont les hiéroglyphes sont d'une rare finesse d'exécution.

Après avoir repassé le tropique du Cancer, nous nous arrêtâmes devant le grand temple de Kalab-Sheh, qui est immense; il a trois murs d'enceinte et cinq vastes chambres; il n'est pas d'une époque bien reculée, et frappe par la grandeur de ses dimensions plus que par la beauté des détails. Dans les environs sont les carrières d'où les pierres employées à sa construction ont été extraites. Près de ce grand temple est celui de Beyt-Oually, qui dans sa petitesse est un chef-d'œuvre d'art.

Après ces temples, il ne reste plus que quelques débris insignifiants, que nous examinâmes cependant avec soin; pas une excavation, pas une pierre taillée ne fut perdue pour nous. Le temple de Debouah présente encore quelques ruines intéressantes; ce sont trois belles portes correspondant à trois enceintes.

A partir de Debouah, les rives du Nil vont se rétrécissant de plus en plus entre les deux chaînes de montagnes désolées, qui ne laissent plus rien à contempler au voyageur que leurs belles et sauvages horreurs. Nous commençâmes bientôt à apercevoir les roches noires semées dans le lit du Nil, et qui, de plus en plus nombreuses à mesure que nous avancions, donnent au coup d'œil une beauté plus sévère. Enfin nous aperçûmes notre gracieuse île de Philæ, verte et brillante comme une jeune reine au milieu de cette noire nature ; elle couronnait dignement les grandes et belles choses que nous venions de visiter, et dont nous emportions l'image et le souvenir présents.

IX

DESCENTE DANS LA HAUTE ÉGYPTE. — KOUM-OMBOS. — ETFOU. — ESNEH. — LES SANTONS. — THÈBES, LUXOR, KARNAC.

Thèbes, 25 décembre 1855.

En rentrant à Assouan, avec notre riche récolte de souvenirs, nous aperçûmes près de la plage quelques barques avec des pavillons européens, et nous nous crûmes revenus à moitié dans la patrie : nous retrouvions les premières traces de la civilisation. L'aspect de la ville était beaucoup plus animé qu'à notre premier passage ; les voyageurs et les caravanes y affluaient pour échanger les produits de l'Europe contre la gomme, l'ébène, les ivoires de l'Afrique, etc. Le rivage était couvert de ces diverses marchandises ; nous remarquâmes des quantités de dents d'éléphants, d'une grosseur monstrueuse; quelques-unes avaient certainement près d'un mètre de long.

Nous reprîmes, le jour même, notre descente sur le Nil. Les premières ruines qui nous arrêtèrent en descendant dans la haute Égypte, furent celles du temple de Koum-Ombos, sur la rive droite du Nil. Il reste de ce beau monument juste assez pour faire grandement regretter tout ce qui en a disparu sous les sables; il n'y a plus de visible que treize beaux chapiteaux de colonnes, la terrasse qu'ils supportent, et quelques dessus de portiques richement sculptés.

A partir de Koum-Ombos, le Nil devient de plus en plus rocheux des deux côtés, et enfin, à Djebel-Sisileh, il est complétement encaissé par les roches. Nous visitâmes là les carrières de Sisileh, d'où ont été extraites les pierres qui ont servi à élever les principaux monuments antiques. Ces carrières sont immenses; il semble que tout le genre humain s'y soit donné rendez-vous autrefois pour les exploiter. C'est par millions de mètres cubes que l'on doit calculer la quantité de pierres enlevées. L'ensemble s'est conservé dans un état presque intact. On les exploitait à ciel ouvert et à gradins droits, comme nous le faisons encore souvent aujourd'hui; on était certainement alors aussi avancé que nous le sommes dans ce mode d'exploitation. En parcourant ces vastes excavations, encaissées de murs de grès à pic, on voit de tous côtés des pierres dont la taille et l'extraction sont plus ou moins avancées, les trous sous les pierres pour placer les coins, les endroits où les cordages étaient amarrés pour retirer ces énormes blocs, les dessins des ouvriers sur les murs : tout enfin se réunit pour tromper le spectateur et lui persuader qu'il visite un chantier vivant. On croit à chaque instant découvrir les ouvriers réunis pour prendre leur repas derrière quelque rocher, ou entendre le signal qui les rappelle au travail. Ces pays ne verront-ils plus renaître les beaux jours de leur activité intellectuelle et artistique? Ces vaillantes races de travailleurs ne reparaîtront-elles plus sur le sol fécond qu'elles avaient couvert autrefois de tant de prodiges?

Nous arrivâmes bientôt à Etfou, village sur la rive gauche du Nil, au milieu duquel le voyageur voit s'élever deux propylons majestueux, révélant l'existence d'un temple. Il y en a un, en effet, fort considérable, et dont l'ensemble est parfaitement saisissable. Quoique ses sculptures attestent une époque de décadence de l'art égyptien, ce temple présente encore les plus grandes et les plus belles proportions. En montant sur les propylons, je mesurai un bloc de pierre placé au-dessus de la porte; il avait $8^{m},70$ de long sur 2 de large, et $1^{m},50$ d'épaisseur, ce qui représente un cube de plus de 26 mètres, et cela placé à une hauteur d'environ 16 mètres. De pareils blocs ne sont pas rares dans les ruines égyptiennes; à Thèbes, on en rencontre fréquemment.

Le lendemain matin, nous visitions les ruines d'un camp romain, à El-Kab; elles se composent d'une muraille de briques crues en fort bon état, et encadrant dans un périmètre d'environ quatre mille mètres un espace rectangulaire avec une citerne au milieu. Nous traversâmes le camp, et, après une marche de trois quarts d'heure dans le désert, nous arrivâmes au pied de la chaîne Arabique, dont les flancs, en cet endroit, sont criblés de milliers de trous de momies. Ces hypogées sont de petites chambres rectangulaires creusées dans le roc, et dans lesquelles sont pratiqués plusieurs trous assez profonds, qui contenaient chacun une momie. Avant que les Européens, animés d'un esprit de curiosité scientifique, se fussent mis à la recherche des momies, les habitants du pays saccageaient et violaient ces tombeaux, dans l'unique but de retirer, pour leur usage, la poix contenue dans les crânes. C'est ainsi que tous ces hypogées, longtemps protégés par un respect religieux, ne sont aujourd'hui que des sépultures désertes.

Nous n'avions plus que le temple d'Esneh à visiter avant d'arriver à Thèbes, où nous étions attirés par les souvenirs classiques de cette grande ville, ainsi que par l'espoir d'y rencontrer des voyageurs qui nous donneraient des nouvelles d'Europe, dont nous étions privés depuis un mois. Le temple d'Esneh, dont le grand vestibule seul a été déblayé par les ordres de Méhémet-Ali, n'est pas du temps des Pharaons, et, malgré l'élégance de ses sculptures et de ses chapiteaux, il n'a point la majesté sévère des temples de la grande époque.

Nous commencions à retrouver les terrains fertiles et

cultivés, et nos yeux se reposaient de la sombre monotonie du désert sur la verdure des champs immenses de cannes à sucre et de doura. Nous revîmes avec un plaisir plus vif encore ces sites que nous avions déjà admirés en remontant. De loin en loin, nous apercevions au milieu de la plaine de petits bouquets de palmiers, ombrageant un tombeau de *santon* (saint). Ces tombeaux font un bel effet de loin par leur vive blancheur, qui se détache gaiement sur les palmiers; ils sont d'une construction uniforme : c'est un cube de deux à trois mètres de côté, surmonté d'une petite coupole; la porte en reste toujours ouverte, afin que les voyageurs puissent s'y reposer et s'y abriter des ardeurs du soleil.

Les *santons* sont tout simplement des idiots; ils sont très-vénérés des Arabes, qui respectent en eux la partie matérielle d'un esprit qu'ils croient être au ciel. Ces idiots vont la plupart du temps nus, et sont seuls à porter la chevelure sans se couvrir la tête. Ils ont tous un tic quelconque : chez les uns, c'est un mouvement du bras; chez les autres, un mouvement de la tête; d'autres répètent constamment les mêmes paroles. Ils vagabondent continuellement autour du village qui les entretient, et se prosternent de temps en temps la face dans le sable. Un jour que nous étions descendus à terre pour aller avec nos fusils à la quête de notre dîner, nous trouvâmes en rentrant à bord un de ces hideux personnages, dénué de toute espèce de vêtements, accroupi sur le sable et remuant la tête continuellement, en répétant sans cesse la même phrase du Koran. Je donnai le signal du départ; mais l'équipage ne voulut point quitter le santon sans avoir reçu sa bénédiction. Il y procéda en donnant l'accolade à chacun de nos hommes, depuis le raïs jusqu'au mousse : il répétait toujours son éternelle phrase, et sa tête ne discontinuait pas un instant son même branle. Après avoir béni l'équipage, il voulut bénir le bateau, et je crus un instant que nous allions avoir à subir aussi sa bénédiction, honneur dont nous nous souciions fort peu. Nous nous avisâmes de lui donner un morceau de saucisson avec du pain; il décampa immédiatement, et nous cria pendant longtemps du rivage, où nous voyions sa tête toujours se balancer: « *Salâmeh! salâmeh!* » (Bon voyage! bon voyage!)

Nous mouillâmes peu de jours après devant Thèbes. L'origine de cette ville se perd dans la nuit des temps; il est certain qu'elle existait déjà 2200 ans avant Jésus-Christ. Thèbes a dû sa grandeur autant à sa position géographique et à la richesse de son sol, qu'aux sages institutions dont elle avait été dotée par la race sacerdotale qui la gouvernait. Mais son opulence et ses merveilles mêmes furent cause de sa perte; des voisins barbares, et auxquels la prospérité de l'Égypte faisait envie, l'envahirent; ces conquérants sauvages furent les Nubiens et les Abyssiniens, dont le triomphe plongea ce beau pays dans toute l'horreur des guerres intestines et dans les maux qui en sont la suite. Plus tard, le farouche Cambyse vint, 525 ans avant Jésus-Christ, à la tête d'une armée persane, mettre à feu et à sang cette malheureuse contrée et y éteindre les dernières lueurs de la civilisation. Vingt-sept ans avant l'ère chrétienne, un tremblement de terre dévasta ces gigantesques monuments qu'aucune puissance humaine n'aurait pu ébranler.

Cependant, malgré tant de siècles de vandalisme et de solitude, quoi qu'on ait pu faire pour anéantir Thèbes, et bien que depuis longtemps les Européens la dépouillent de ses plus beaux ornements, le voyageur est encore émerveillé, confondu devant la majesté et le grandiose des ruines de Thèbes; elles peuvent encore lui faire facilement concevoir la réalité des descriptions réputées fabuleuses de la métropole aux cent portes, de la grande Hécatompyle d'Homère. Au milieu de ces ruines merveilleuses, qui subsistent encore en quantité sur l'emplacement de l'antique berceau de la science et des arts égyptiens, il reste à peine quelques centaines d'habitants misérables, disputant leur vie à une multitude de chacals, de loups et d'hyènes.

Les ruines sont nombreuses et immenses, car la ville sacrée avait 25 kilomètres de tour : on y voit les temples de Luxor, de Karnac, de Gournah, de Médinet-Abu, du Ramesseïum; les deux colosses de Memnon et de Sésostris; la vallée des tombeaux des rois. Nous procédâmes à la visite successive de ces monuments, en commençant par Luxor. Son immense temple date de 2050 ans avant Jésus-Christ. Les peintures et les sculptures sont de véritables chefs-d'œuvre d'art; malheureusement ses ruines servent de fondations et d'appuis aux huttes des habitants actuels, ce qui en gâte tout l'ensemble. C'est seulement en montant sur les propylons que l'on peut embrasser ce triste panorama. Quatre beaux colosses monolithes ornent la façade du temple de Luxor; de chaque côté de la porte se trouvaient autrefois deux remarquables obélisques, dont l'un est encore à sa première place, et dont le second fait, à Paris, depuis 1836, l'ornement de la place de la Concorde. De Luxor, on aperçoit au loin, de l'autre côté du Nil, la chaîne Libyque, crayeuse en cet endroit; elle se détache sur le fond du beau ciel bleu d'Égypte, et les teintes chaudes du soleil d'Afrique produisent un effet admirable, qui captive l'attention des voyageurs pendant des heures entières. Nous ne quittâmes Thèbes qu'après dix jours de promenades et d'explorations dans cette féconde mine de trésors artistiques, et nous n'étions pas las encore d'admirer ces montagnes d'un pourpre doré, dont les ombres puissantes et arrêtées terminent si bien le tableau occupé par les ruines pharaoniques.

Notre seconde visite fut pour le temple de Karnac, situé à environ trois kilomètres de Luxor. Ici l'imagination reste stupéfaite de la beauté, de la richesse et du gigantesque écrasant des proportions de ce monument, ou plutôt de cet amas de monuments. Qu'on se figure, en effet, un espace de cent trente hectares environ, couvert de pylônes, de portes triomphales, d'avenues de sphinx, de temples, de galeries, de bassins, d'obélisques, de statues; tout cela énorme, colossal, riche par la matière, et couvert de magnifiques sculptures peintes. Qu'on se figure, dans ce prodigieux chaos de monuments abattus, des vues toujours grandes, majestueuses, de quelque côté qu'on les prenne, et que l'on se rende compte, si l'on peut, des impressions d'un tel spectacle, impossibles à communiquer par la parole.

Je me bornerai à indiquer quelques-unes des lignes et des proportions les plus frappantes. On arrivait de tous côtés au temple principal par des allées de sphinx immenses, commençant par des colosses et aboutissant à des portes ou à des arcs de triomphe magnifiquement sculptés. Au centre de la cour du grand temple était une avenue de douze colonnes, dont une seule aujourd'hui reste debout, et donne, par sa hauteur et son élégance, une idée de l'avenue détruite. De cette cour, en franchissant une énorme porte flanquée de deux colosses, on entre dans la grande salle de Karnac, qui vaut à elle seule tous les autres monuments. Elle est ceinte de quatre murs sculptés sur toute leur surface, et la terrasse qui la recouvre est supportée par cent quarante colonnes également sculptées et peintes. Ces colonnes, de plus de neuf mètres de circonférence, en ont vingt de haut. La terrasse qui les recouvre se compose de pierres plates sculptées et peintes comme le reste, posées simplement du sommet d'une colonne à l'autre. Ces pierres ont environ sept mètres de long sur deux mètres de large et un et demi d'épaisseur. L'espace occupé par cette salle est d'environ huit mille mètres carrés. Les matériaux employés à la construction de ce temple sont le grès et le granit rose.

La visite de Luxor et de Karnac nous avait pris plusieurs jours; il nous restait encore à voir toute la partie de Thèbes qui est sur la rive gauche du fleuve.

X

SUITE DE THÈBES. — COLOSSES DE MEMNON ET DE SÉSOSTRIS. — DIVERS MONUMENTS. — TOMBEAUX DES ROIS. — DENDERAH. — TOMBES DE BENI-HASSAN. — ORAGE DE SABLE. — ZAKKARAH. — RETOUR AU CAIRE. — ANECDOTE. — DERNIÈRE NUIT EN ÉGYPTE.

Beni-Souef, 17 janvier 1856.

Après le sentiment de stupéfaction profonde qu'on a éprouvé en voyant pour la première fois ce Karnac dont toutes les parties, dans leur masse colossale, ont été travaillées avec le même soin, le même fini qu'une miniature, il semble que l'esprit ne puisse s'etonner de rien; cependant l'admiration du voyageur se réveille encore en présence des monuments de cette seconde partie de Thèbes. La première des ruines que nous y visitâmes fut celle du temple-palais de Médinet-Abu, construit à des époques différentes. Les restes en sont fort beaux; quelques peintures surtout sont très-bien conservées, quoique le monument soit en grande partie enseveli sous les décombres de villages arabes.

Pour comprendre comment les temples ont pu être enfouis sous ces ruines, il faut savoir que les villages arabes se construisaient et se construisent encore dans l'enceinte des temples; les maisons sont faites en terre mouillée jusqu'à une certaine hauteur, à partir de laquelle on élève les murs en bâtissant avec des pots creux, comme nous le faisons avec des moellons. Ces murs n'ont pas besoin d'avoir une grande solidité, puisqu'il n'y a point d'étage à supporter, et que le toit, quand il y en a un, ne se compose que de quelques roseaux ou de quelques épis de doura, jetés au hasard l'un à côté de l'autre. Lorsqu'une de ces misérables huttes vient à se dégrader ou à tomber, on ne pense pas à la soutenir; on en reconstruit une autre par-dessus. Le sol de ces villages va ainsi toujours s'exhaussant, à mesure que quelque vieille construction tombe; voilà comment les temples, au bout de quelques siècles, se sont trouvés effacés en partie sous des monceaux de terre et de poteries brisées.

Derrière Médinet-Abu, nous allâmes visiter les tombeaux des reines, qui sont creusés dans la chaîne Libyque, près du cimetière du peuple. On y voit seulement un petit nombre de chambres carrées, avec quelques vestiges de peinture; tout est dans un tel état de dégradation qu'il n'y a pas à s'y arrêter longtemps. De tous côtés, nous foulions sous les pieds des débris de momies, des crânes, des bras, des jambes, et même des corps entiers, dont la prodigieuse quantité atteste encore quelle dut être la population de l'antique Thèbes.

En parcourant ce vaste champ de morts, nous arrivâmes aux pieds des deux colosses de Memnon et de Sésostris, que nous apercevions depuis longtemps, et dont la classique réputation aiguillonnait notre curiosité. Ces colosses ont 20 mètres de haut; ils sont les seuls restes d'un temple qu'ils précédaient, et dont il ne reste plus aucun vestige. Le colosse de Memnon est le même qui rendait des sons aux premiers rayons du soleil levant, ainsi que l'attestent soixante-douze inscriptions de voyageurs grecs que l'on y peut lire encore. Ces deux statues se présentent avec cet air particulier de bonté et de sérénité que nous avons déjà remarqué dans les divinités égyptiennes; elles sont là, assises au milieu des ruines qu'elles semblent vouloir protéger et consoler, accueillant l'étranger avec bienveillance, paraissant dédaigner le présent, rêver au passé, et espérer encore dans l'avenir.

Un peu plus loin se trouve le temple ou palais du Ramesseïum, dont les admirables sculptures peintes et la pureté de style de son architecture font un des plus remarquables monuments de l'antiquité. A terre gisent les débris d'un colosse monolithe en granit, brisé en plusieurs morceaux. La base de ce monolithe avait un peu plus de onze mètres. Le pied du colosse avait 3^{m},35 de long.

En continuant à marcher vers le nord, entre le Nil et la chaîne Libyque, nous visitâmes le petit temple de Gournah, fort petit, mais élégant et très-précieux par l'antiquité de sa construction, qui remonte à dix-huit siècles avant notre ère. C'est un bijou à côté des autres grands monuments, comme Trianon à côté du palais de Versailles.

En se dirigeant de Gournah vers la chaîne Libyque, on arrive à l'entrée d'un défilé dans lequel nous nous engageâmes pour aller visiter les tombeaux des rois; ce défilé, à l'endroit où sont les tombeaux, s'appelle la vallée de Biban-el-Moulook, ou vallée de la Mort; elle mérite son nom. Nous cheminions lentement et avec peine dans ce col étroit, au milieu d'un chaos de rochers et de pierres d'une dureté extrême. Nous avions souvent admiré la sauvage beauté du désert; mais ici, c'était un sentiment de tristesse pénible qui nous pénétrait. Point d'horizon, l'étroit sentier transformé en un effroyable pêle-mêle de roches énormes, une atmosphère oppressive sous ce soleil qui désagrége le granit lui-même; tout se réunit pour faire de cette vallée un spectacle qui assombrit et fatigue l'imagination : c'est aride, sauvage, âpre, désolé; c'est la mort dans toute son horreur.

Nous entrâmes dans plusieurs de ces tombeaux, dont la disposition est toujours la même, c'est-à-dire, un couloir sur lequel s'ouvrent plusieurs petites chambres latérales, et au fond du couloir quelques salles précédant la chambre royale, au milieu de laquelle était placé le sarcophage. Le plus beau et le plus grand de ces tombeaux est celui qui a servi de sépulture, dit-on, au roi père de Sésostris. On y descend au moyen de plusieurs rampes séparées les unes des autres par autant de paliers. Les parois latérales de ce couloir sont revêtues d'un enduit sur lequel sont peintes toutes les cérémonies de l'enterrement d'un roi, avec la manière dont on descendait le cercueil dans le tombeau; ces peintures sont encore en fort bon état, et montrent les mœurs antiques des Égyptiens dans tous leurs détails.

Les peintures de chacune des chambres latérales représentent un sujet particulier : dans l'une, on voit les paysans occupés aux travaux de l'agriculture; dans une autre, ce sont des musiciens récréant le roi par leurs accords; une troisième est consacrée à l'art culinaire; la danse, la guerre, les jeux, y ont aussi leur chambre particulière. Lorsqu'on visite ces tombeaux, où les différentes scènes de la vie égyptienne sont représentées si en détail et si nettement, on n'est pas peu étonné de voir que tous les ustensiles, depuis les instruments aratoires jusqu'à la batterie de cuisine, sont les mêmes que ceux qui sont encore en usage aujourd'hui. Les tombeaux sont creusés dans la craie, et je fus fort surpris de reconnaître en quelques endroits les coups de pic parfaitement distincts, absolument comme dans nos caves de la Champagne; ils n'ont rien d'extraordinaire comme excavations, mais les peintures sont des plus intéressantes et des plus instructives, puisqu'elles vous mettent d'un coup sous les yeux l'ensemble des mœurs et des usages de l'antique Égypte.

Nous dîmes adieu à Thèbes et à ses merveilles, après y être restés dix jours. La beauté de ses ruines est au-dessus de toutes les descriptions qui en ont été faites. Le bel ouvrage de M. Hector Horeau, dans lequel l'éminent architecte a reproduit une série de dessins et de vues des principaux monuments de l'Égypte, peut seul en donner une idée satisfaisante. Il est à espérer que le gouvernement égyptien ne laissera pas ces magnificences exposées plus longtemps aux mutilations des Européens, qui, pour orner leurs musées, ne craignent pas de briser et de défigurer les plus beaux monuments qu'il ait été donné à l'imagination de l'homme de créer.

Le dernier des temples que nous visitâmes fut celui de Denderah. C'est, sans contredit, le mieux conservé de tous ceux que l'Égypte possède; mais il est peu ancien, puisqu'il n'a été commencé que par Cléopâtre. Les sculptures en sont magnifiques; il en est littéralement couvert; on en trouve jusque dans de petits couloirs pratiqués dans l'intérieur des murs, où l'on arrive en rampant à plat ventre et en livrant de continuels combats aux chauves-souris qui se précipitent sur votre figure. Le temple de Denderah était dédié à Vénus-Athor; on retrouve cette déesse, dans tous les hiéroglyphes, sous les traits de Cléopâtre. On entre tout d'abord sous un magnifique portique, supporté par vingt-quatre colonnes; toutes les têtes des personnages représentés dans les sculptures ont été martelées lors de l'invasion des Arabes, dont la religion défend la reproduction de la figure humaine. A la suite du portique se trouve une salle dont le plafond est soutenu par six belles colonnes; puis viennent une quantité de chambres, et enfin le sanctuaire. Ainsi que je l'ai déjà dit, toutes les parois intérieures et extérieures du temple sont couvertes de sculptures hiéroglyphiques. Ce temple de Denderah, qui est digne d'être mis au premier rang des constructions monumentales par ses belles proportions, par ses sculptures et ses peintures, a cent mètres de long environ; il fut commencé, comme nous venons de le dire, par Cléopâtre, et achevé sous le règne d'Antonin le Pieux.

Je n'énumérerai point toutes les villes que nous passâmes en revue, et qui toutes, par leur position, par les groupes d'habitants nous saluant du rivage, par l'élégante construction de leurs minarets, nous offraient des vues charmantes. La ville de Girgeh ne peut cependant pas être passée sous silence. Rien de plus pittoresque, en effet, que cette ville sur les berges à pic du Nil, qui en a détruit déjà une partie : on voit sur le premier plan des maisons ouvertes et en ruine; plus loin, une mosquée coupée en deux, avec des tronçons de colonnes prêts à s'écrouler; enfin, à l'extrémité, le cimetière avec des tombes béantes, d'où pendent des cadavres avec leurs linceuls blancs.

Nous nous arrêtâmes ensuite à Syout, capitale du pachalik de ce nom, située au pied de la chaîne Libyque.

En gravissant la chaîne, on voit quelques hypogées royaux, qui ne sont plus maintenant qu'un repaire de chacals et d'hyènes. De l'entrée de ces hypogées, la vue s'étend sur Syout, qui, dans son cadre de verdure, présente un aspect fort riant.

Les tombeaux de Beni-Hassan, qui sont les monuments les plus anciens que l'on connaisse en Égypte, se trouvent à quelques lieues au-dessous de Syout, sur la rive droite du Nil. Ces tombeaux sont creusés au sommet de la chaîne Arabique, séparée du fleuve en cet endroit par une plaine très-fertile, où nous aperçûmes les ruines de trois grands villages. Les habitants de ces bourgades s'étaient rendus fort dangereux par leurs brigandages; Méhémet-Ali, après avoir cherché à les ramener à la raison par les remontrances pacifiques, se vit forcé de leur infliger un châtiment extrême : il les détruisit. Nous visitâmes une trentaine d'hypogées, qui se composent seulement d'une chambre plus ou moins vaste, avec des trous à momies. La plupart sont décorés de peintures représentant, comme dans ceux de Thèbes, la Guerre, la Musique, la Danse, etc. Nous y trouvâmes plusieurs colonnes de l'ordre dorique, antérieures naturellement de beaucoup à toute architecture grecque.

Il ne nous restait plus que les pyramides de Zakkarah à visiter, avant de rentrer au Caire, où nous espérions trouver des lettres d'Europe, dont nous étions privés depuis plus de deux mois. Un matin, en nous réveillant, nous fûmes tout joyeux d'apercevoir au loin les pyramides, et, en face d'elles, la citadelle du Caire, dont nous entendions déjà gronder le canon; mais un incident particulier retarda notre retour de vingt-quatre heures.

Le soleil levant éclairait les pyramides d'une lumière que nous n'avions pas encore remarquée en Égypte; l'atmosphère était lourde; peu de temps après le lever du soleil, une brise légère vint favoriser notre navigation. Cependant la lumière solaire devenait de plus en plus blafarde, la chaleur augmentait sensiblement; tout à coup il se fit un bruit semblable au roulement lointain d'un convoi de chemin de fer, et, cinq minutes après, nous fûmes jetés au rivage par un coup de vent terrible venant du sud. A peine étions-nous amarrés, que le soleil s'obscurcit, le vent redoubla de violence, et le ciel prit une teinte grise, puis jaunâtre, puis enfin devint couleur de cuivre. En ce moment, un nuage de sable nous enveloppa, et la nature tout entière disparut à nos yeux. Renfermés dans nos cabines, nous n'apercevions ni ciel, ni terre, ni eau. Pendant vingt-quatre heures, il nous fut impossible de sortir, sous peine d'être renversés, aveuglés, étouffés.

Au bout de ce temps, le calme s'étant rétabli, nous pûmes procéder à la visite des pyramides de Zakkarah. On traverse, pour y arriver, des bois de palmiers ombrageant des champs couverts de cette admirable et luxuriante verdure égyptienne dont j'ai déjà parlé. Après avoir dépassé un village nommé Bédréchëin, le sol de ces bois de palmiers devient onduleux, et se compose d'une foule de monticules qui recouvrent les ruines de l'antique et superbe Memphis, dont Hérodote parle avec tant d'enthousiasme, et qui, aux jours de sa plus grande splendeur, sous la sage administration de Joseph, reçut dans ses murs la famille de Jacob. Il ne reste plus de visible des ruines de Memphis qu'un colosse de Ramsès II, encore est-il renversé la face contre terre. Nous traversâmes ces monticules informes et nous nous dirigeâmes vers les pyramides de Zakkarah, qui sont au nombre de cinq. Elles ont été moins bien construites que celles de Giseh. Nous descendîmes dans le puits des Ibis, où les momies de ces oiseaux sacrés ont été enterrées par millions; chacune d'elles était renfermée dans un pot de terre rouge et de forme conique.

Nous revîmes les grandes pyramides de Giseh, dont la masse imposante étonne toujours le voyageur, même quand on les voit pour la seconde fois. J'ai eu entre les mains une note autographe du maréchal Marmont sur ces pyramides célèbres; je la transcris ici pour donner, par comparaison avec quelques-uns de nos monuments bien connus, une idée des dimensions de ce gigantesque amas de pierres :

« La pyramide de Chéops, selon M. Fournier, de l'Institut, a 428 pieds $^1/_2$ de hauteur, et sa base couvre un espace d'environ 515 000 pieds carrés.

» Cette pyramide est donc quatre fois plus haute que la colonne Vendôme. Chacun de ses côtés égale en étendue la façade du palais des Tuileries.

» Si on employait les pierres de la grande pyramide à faire une muraille de 10 pieds de haut et d'un pied d'épaisseur, cette muraille couvrirait un espace de 675 lieues.

» Bonaparte, alors qu'il commandait l'armée d'Égypte, avait aussi calculé que la grande pyramide contenait assez de pierres pour faire autour de toute la France un mur de 5 pieds de haut et d'un pied d'épaisseur. »

Nous mouillâmes enfin au Caire, où nous passâmes encore quelques jours. J'ai déjà parlé assez longuement de cette ville pour ne pas avoir à y revenir. Je donnerai seulement, pour délasser un peu le lecteur des descriptions naturellement arides des monuments, une anecdote assez singulière dont je fus témoin à mon second passage au Caire.

On sait qu'en Orient les chiens vaguent en grand nombre dans les villes sans avoir de maîtres; c'est une raison d'hygiène publique qui leur vaut cette liberté. Comme aucun service de voirie n'y est organisé, et qu'on n'y connaît point les égouts, les chiens se chargent, eux, de nettoyer la ville, tant bien que mal, des immondices jetées dans les rues. On dit qu'à Constantinople, ces préposés de la salubrité publique sont assez hargneux; en Égypte, ceux des villages le sont pareillement; mais au Caire, ils sont fort doux. L'instinct de ces animaux est incroyable à qui n'en a pas été témoin. Ils se sont partagé le Caire par quartiers, et reconnaissent si bien leurs frontières respectives qu'un jeune chien, s'aventurant dans un autre quartier que le sien, y est immédiatement dévoré.

Un jour, en traversant l'Esbékieh, grand jardin public du Caire, nous entendîmes les aboiements multipliés d'une bande de chiens poursuivant avec fureur un des leurs. Le chien pourchassé était sur le point d'être atteint, quand tout à coup il s'arrêta comme quelqu'un qui se sent à l'abri du péril; ses ennemis qui le poursuivaient s'arrêtèrent de même. Nous étions tout étonnés de cette singulière manœuvre, lorsqu'on nous apprit que l'animal poursuivi avait été pris en flagrant délit de violation de territoire, mais qu'ayant pu rentrer dans son quartier avant d'être atteint, il se trouvait légalement à l'abri de toute poursuite.

Nous voici à la fin de notre séjour en Égypte. Notre dernière nuit au Caire, avant notre départ pour la Palestine, fut une de ces nuits d'Afrique, imprégnées d'une fraîcheur suave, et qui portent involontairement à la mélancolie; une de ces nuits où tout est silence sous le paisible regard des étoiles qui brillent d'un éclat tout particulier. Nous nous laissions aller au charme de la rêverie, sous l'influence poétique de la nuit orientale, dont le calme immense était à peine troublé par la voix des *muezzins* (desservants), chantant par intervalles, du haut des minarets, ces paroles solennelles : « Vrais » croyants, qui pensez au salut, la prière est préférable » au sommeil; réveillez-vous; louez Dieu; il n'y a qu'un » Dieu, Mahomet est son prophète. » Accoudé à notre fenêtre, en face de ce beau ciel africain, nous repassions dans notre souvenir les merveilles sans nombre de l'antiquité égyptienne, qui nous avaient passé successivement sous les yeux depuis quelques mois, et déjà notre imagination volait vers les lieux saints, dernier but de notre voyage, tandis que notre cœur visitait en secret la patrie et les amis absents.

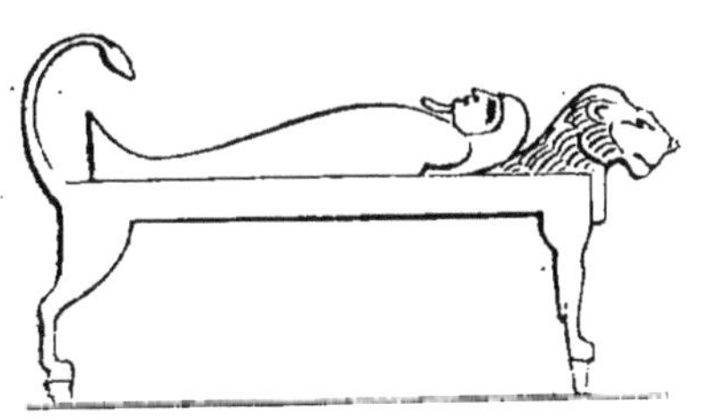

VOYAGE EN PALESTINE

I

JAFFA. — RAMLAH. — DE RAMLAH A JÉRUSALEM.

Jaffa, 25 janvier 1856.

Le surlendemain de notre départ d'Alexandrie, où nous nous étions embarqués à bord d'un vapeur français, les premiers rayons du soleil levant montrèrent à nos regards les rivages plats de la Syrie, la ville de Jaffa baignant ses pieds dans la mer, et au loin les montagnes bleuâtres de la Judée.

La plage étant dangereuse, les bâtiments mouillent environ à un kilomètre en mer, et des barques turques viennent pour vous transporter à terre. Le port de Jaffa est formé par un demi-cercle de rochers naturels, dans lequel on entre par une ouverture de deux mètres seulement; un seul coup de rame, donné mal à propos, vous briserait contre ces roches.

En mettant le pied sur ce sol, combien de pensées et de sentiments s'éveillent dans l'esprit! Que de respect vous inspire cette terre d'Asie, terre de miracles, de mystères, point de départ de toutes les grandes religions! Que de souvenirs se rattachent à cette Palestine surtout, où tant de sang chrétien et français a coulé au moyen âge, et qui, aujourd'hui encore, a servi de cause ou de prétexte à une guerre dont nous avons tous souffert, car la gloire n'efface pas la douleur.. Étonnantes contradictions! le berceau du christianisme, le pays qui a vu naître sous la forme humaine le Dieu que nous adorons, a été, depuis dix-huit siècles, presque constamment au pouvoir des ennemis de notre religion. Pendant longtemps, le glaive et les épidémies en ont interdit l'abord, et à notre époque de civilisation de plus en plus générale, le voyageur animé de pieuses intentions, guidé par de religieux souvenirs, est encore obligé d'affronter des fatigues sans nombre, des dangers souvent, pour visiter un pays qui devrait être ouvert à tout le monde, sous la protection éclairée et tolérante de toutes les nations chrétiennes.

Saint Louis a porté la gloire de la France dans ces

parages, et Bonaparte y fit briller nos trois couleurs, alors qu'une ligue de souverains se berçait du vain espoir d'en avoir fini avec le généreux et impatient génie de la France.

En abordant à Jaffa, il nous fallut traverser une petite construction en planches, dans laquelle nous trouvâmes quelques individus accroupis et fumant le tshibouk d'un air endormi : c'étaient les préposés de la douane. Il en est là comme dans certains pays de l'Europe, où il est facile, moyennant finance, de se soustraire aux investigations de ces messieurs.

La ville de Jaffa s'élève en amphithéâtre sur une colline dont elle occupe tout le versant, depuis le sommet qu'elle couronne jusqu'au pied qui descend dans la mer. Elle est entièrement construite en pierre, ce qui lui donne de loin un certain air de propreté, malheureusement fort trompeur. Les maisons, avec leurs terrasses au lieu de toits, semblent, à distance, être à ciel ouvert, et donnent à la ville une sorte d'aspect dévasté. Il n'y a point d'hôtels; nous descendîmes, comme tous les voyageurs, au couvent des Pères de la Terre-Sainte, succursale de la maison mère de cet ordre, qui est à Jérusalem. Ce sont tous des moines espagnols; ils nous offrirent une collation dans leur réfectoire, et voulurent nous servir eux-mêmes. Leur couvent, ainsi que tous ceux de la Palestine, est construit sur un plan à double fin : c'est un monastère tel que l'exige la discipline religieuse, et c'est en même temps une forteresse appropriée à tous les besoins d'une défense militaire.

La Jaffa actuelle ne date guère que de cent cinquante ans ; elle est construite sur l'emplacement de l'ancienne Joppé, fondée, dit-on, par Japhet, fils de Noé. C'est au pied de cette colline que Noé, d'après la tradition, construisit l'arche. Joppé était le port des vaisseaux de Salomon ; c'est là que s'embarqua le prophète Jonas, quand, à peine en mer, il lui survint la miraculeuse aventure dont parle la Bible. Aujourd'hui la ville n'offre rien de bien remarquable. Il n'y a qu'une seule porte, près de laquelle on voit une fontaine en marbre jaunâtre, veiné de rouge, dont les sculptures et l'architecture attestent l'origine mauresque.

Les femmes y sont vêtues comme les Égyptiennes, sauf la couleur de leurs vêtements, qui sont entièrement blancs au lieu d'être bleus. Le voile triangulaire dont nous avons parlé, et qui cache la figure des femmes en Égypte, est souvent remplacé par un masque en crin noir. Il y a deux types très-distincts dans la population ; l'air doux et tranquille des habitants de la ville contraste singulièrement avec la mine rébarbative et féroce des Arabes de la montagne. On voit ces derniers parcourant la ville avec d'énormes yatagans à la ceinture, ou bien armés d'une lance, sous le fer de laquelle pendent un plus ou moins grand nombre de pompons en plumes, indiquant combien de vies cette lance a tranchées. Drapés dans leurs *abails* en poil de chameau, rayés blanc et brun, ils ressemblent exactement à ceux que M. Horace Vernet a peints dans ses vivants tableaux de nos guerres algériennes. Comme le gouvernement turc ne pouvait en ce moment, à cause de la guerre, entretenir un nombre de troupes suffisant dans le pays, ces Arabes de la montagne avaient le champ libre; ils pillaient souvent les hameaux de la plaine et enlevaient les troupeaux. Les voyageurs sont loin d'être en sécurité au milieu d'eux : aussi, quoique bien armés et décidés à nous faire respecter, prîmes-nous pour escorte deux soldats à cheval que le gouverneur mit à notre disposition. Après avoir ostensiblement chargé nos armes, nous nous mîmes en selle et nous partîmes, les mulets à bagages au milieu de nous, un éclaireur à une trentaine de pas en tête de la troupe.

Au sortir de Jaffa, la route est bordée de haies d'énormes cactus de 3 mètres de haut et de 2 de large environ, qui entourent et protégent des jardins où les figuiers, les orangers et les citronniers étalent aux yeux des voyageurs une innombrable quantité de fruits. Les oranges y sont au plus vil prix. On en a une centaine pour 25 centimes. A notre retour, nous entrâmes dans quelques-uns de ces jardins; aussitôt une femme vint nous étendre des nattes à l'ombre d'un bouquet d'orangers et nous cueillir une vingtaine d'oranges qu'elle déposa près de nous; nous en remplîmes nos poches, et la gardienne se trouva fort satisfaite de recevoir une pièce de cuivre. Après une demi-heure de marche à travers ces jardins, nous débouchâmes sur une plaine où nous vîmes des commencements de culture déjà importants, et qui se développeraient certainement beaucoup plus, si l'on était en mesure de repousser les agressions des Arabes pillards. La plaine qui s'étendait devant nos yeux est la plaine de Sarons, dont l'Écriture loue plus d'une fois la beauté.

Nous avions quitté Jaffa vers une heure, et à six heures nous aperçûmes Rambah, petite ville où l'hospitalité nous fut encore offerte dans un couvent des Pères de la Terre-Sainte.

Le lendemain matin, nous étions tous en selle avant le jour, car nous avions dix heures de cheval à faire pour arriver à Jérusalem. Au bout de deux heures, nous apercevions, sur notre droite, les ruines d'un village nommé *Ladroun,* que l'on dit être la patrie du bon larron crucifié avec le Christ. Ces ruines sont aujourd'hui le repaire de brigands, qui attaquent les voyageurs trop faibles pour leur résister.

Sur le point d'atteindre les montagnes de la Judée, on passe près d'une citerne portant le nom de puits de Job; un de nos compagnons, resté un peu en arrière, se vit menacé là par un Arabe bédouin, sorti de quelques broussailles, et qui tourna les talons à la vue d'un revolver à cinq coups braqué sur sa poitrine. Nous ne tardâmes pas à arriver au pied de ces montagnes, et nous nous engageâmes dans leurs défilés, après avoir resserré nos rangs. Il n'y a point de chemin; on suit le fond de ravins fort étroits, d'où l'on ne pourrait se dégager si l'on n'était monté sur de petits chevaux de montagnes, dont l'instinct et la marche assurée vous font sortir sain et sauf de cet inextricable fouillis de broussailles pierreuses.

Le ciel était gris; nous marchions lentement et en silence, à travers ces ravins solitaires, avec cette espèce de gêne que produit toujours le défaut d'horizon. Nous étions continuellement resserrés entre deux montagnes d'un aspect froid et sévère; quatre ou cinq fois seulement, nous vîmes se détacher sur la cime de ces montagnes la pittoresque silhouette d'un berger bédouin, le yatagan à la ceinture, le fusil en bandoulière, gardant un troupeau de chèvres noires. L'expression de la figure des quelques Arabes que nous rencontrâmes indiquait parfaitement les intentions peu aimables et peu hospitalières de ces messieurs. Ce n'était plus notre beau et majestueux Nil; ce n'était plus l'Arabe pauvre et doux de l'Égypte; ce n'était plus, enfin, ce ciel et ce soleil radieux dont nous avions joui si longtemps et que nous regrettions. Vers onze heures, nos guides nous donnèrent dix minutes de repos, sous un arbre immense, près d'une source d'eau, où nous pûmes nous rafraîchir, nous et nos montures.

Nous vîmes, en passant, le village de Saint-Jérémie, où la tradition place la naissance du prophète de ce nom. Ce village appartient à la tribu d'Abou-Gosch, qui est la première tribu de ces montagnes, sur lesquelles s'étend sa domination. Le grand cheik Abou-Gosch, mort il y a quelques années, et qui par son audace a rendu sa tribu si puissante, était surnommé le *Prince des voleurs*. Chateaubriand et Lamartine ont rapporté leurs entrevues avec lui, et leurs échanges de compliments et de présents; mais, à tout prendre, ce n'était qu'un bandit fort entreprenant, et il est heureux qu'on en soit débarrassé. On voit à Saint-Jérémie les restes d'une église du moyen âge que le bandit avait transformée en écurie, et qui, du reste, n'offre rien de remarquable comme monument.

Plus on avance, plus les souvenirs intéressants se multiplient et se pressent sous vos pas. Après Saint-Jérémie, c'est Gabaon, témoin de la victoire de Josué; c'est la vallée des Térébinthes, au fond de laquelle on passe le torrent desséché où David prit ses cinq pierres plates pour combattre le géant Goliath. Tous ces souvenirs, mêlés à l'austérité du paysage, préparent l'esprit du voyageur aux émotions qui l'attendent à son entrée dans la ville sainte.

Après neuf ou dix heures de cheval, à travers d'horribles fondrières, nous gravîmes une montagne sur notre droite, et nous nous trouvâmes sur un plateau où les difficultés de la route étaient augmentées par la présence de grandes pierres plates, sur lesquelles nos chevaux glissaient à chaque instant. Nous avancions avec peine, lorsqu'au détour d'une petite élévation, nous découvrîmes Jérusalem avec ses murailles grises et crénelées. Le chemin devenait praticable; nous nous lançâmes au galop pour ne plus nous arrêter qu'à la porte ogivale de la ville. Pénétrés d'une émotion religieuse et d'un profond respect, nous fîmes notre entrée dans la ville sainte au pas et la tête découverte.

II

JÉRUSALEM. — LE SAINT-SÉPULCRE.

Jérusalem, 1er février 1856.

Jérusalem! Que de suavité et de grandeur céleste, que de sujets de méditations attendries renferme ce seul mot! C'est avec un sentiment de respectueux effroi qu'on chemine sur ce sol sacré. Il me serait difficile de rendre l'impression douloureuse que j'ai ressentie à la vue de l'état déplorable dans lequel se trouvent les Lieux-Saints. Une ville sale par ses rues, qui sont autant d'escaliers délabrés, sale par ses maisons, sale par ses habitants : voilà la première remarque que fait l'étranger, quand il pénètre dans cette enceinte pauvre et malheureuse, reste de l'opulente cité de Salomon.

Mais les souvenirs qui se rattachent à chaque endroit que vous voyez, à chaque arbre près duquel vous passez, à chaque pierre que vous foulez aux pieds, viennent bientôt vous détacher de tout sentiment terrestre, et vous faire vivre dans un monde d'émotions spirituelles qui vous envahit malgré vous, et dont on ne peut se détacher. Ce ne sont ni les arts ni les jouissances du comfortable qu'on cherche ici; ce ne sont pas les sens qui sont touchés dans ce voyage : c'est l'âme, c'est l'âme entière qui est remuée et absorbée.

Jérusalem eut pour premier nom Jébus; elle existait sous ce nom lors de l'entrée des Israélites dans la terre promise. David fit de cette ville la capitale de son royaume, au lieu de Sichem. Salomon y bâtit le célèbre temple qui porta son nom. Sous Ézéchias, elle fut assiégée par Sennachérib, roi des Assyriens; mais elle échappa miraculeusement au danger. Nabuchodonosor la prit trois fois et finit par la détruire. Cyrus en permit le rétablissement, qui se fit très-lentement. Peu à peu cependant elle refleurit, surtout sous les successeurs d'Alexandre; mais l'intolérance des Séleucides la remplit de désordres et de sang, et amena le soulèvement des Machabées, qui fut enfin couronné de succès cent soixante ans avant Jésus-Christ. Jérusalem fut prise deux fois par les Romains : la première fois par Pompée, la seconde par Titus. Celui-ci mit tout à feu et à sang, passa la charrue sur les ruines de la ville, et persécuta les chrétiens. Le règne d'Adrien vint aussi ajouter aux malheurs du pays, par une violente persécution qui s'étendit jusque sur les juifs.

Ce ne fut que sous la domination de l'empereur Constantin, chrétien par piété, disent les uns, par politique, disent les autres, que Jérusalem commença à respirer de nouveau. Il fit construire une église au lieu même où sainte Hélène retrouva la croix. L'église construite alors devait être magnifique : le cèdre, l'or, l'argent, le marbre, rien ne fut épargné pour embellir ce monument sacré, qui devait être de nouveau profané. Environ trois cents ans après, une armée persane dévasta l'église. Le calife Omar, qui prit Jérusalem plus tard, ne toucha pas au monument qui avait été relevé; mais les califes qui le suivirent vinrent encore porter le désordre dans les temples chrétiens. Enfin les croisés réunirent dans une même enceinte les différents sanctuaires, séparés jusque-là du Saint-Sépulcre. Jusqu'au 12 octobre 1828, l'édifice subsista à peu près intact; mais ce jour-là le feu vint détruire totalement ce que les Turcs avaient épargné.

Les Grecs ont bâti depuis, sur le même emplacement, l'église actuelle, sans aucune idée d'architecture et sans aucun goût. Cette église est la première chose que tout voyageur se hâte de visiter à Jérusalem. Elle enveloppe le Calvaire, le Saint-Sépulcre, la pierre de l'Onction. Sa forme est celle d'une croix romaine. La rotonde centrale est entourée de seize colonnes en marbre, reliées entre elles par des arcades plein-cintre, qui supportent une galerie surmontée d'un dôme; au centre de cette rotombe se trouve le Saint-Sépulcre. La foi peu intelligente qui a présidé à la décoration intérieure de l'édifice a recouvert d'or, d'argent et de marbre les endroits où le roc à nu eût parlé plus éloquemment à l'âme et à l'imagination que la lourde richesse de ces ornements. Dans l'église, chaque culte a ses autels particuliers : ici un autel latin, là un autel grec, plus loin un autel cophte ou arménien. Le Saint-Sépulcre est le point de départ du christianisme, et ses rites divers viennent s'y retremper comme à leur source.

Ce mélange de tant de cultes différents, la foule des pèlerins qui se pressent dans l'enceinte sacrée avec des costumes si variés, la voix vibrante des orgues accompagnant le majestueux plain-chant latin, l'étrangeté des psalmodies grecques, l'encens qui vous enveloppe comme d'un nuage : tout cela, joint aux grands souvenirs qui se pressent dans votre mémoire, vous met hors de vous-même; on est saisi d'une tristesse et d'un trouble inexprimables qui vont en augmentant jusqu'au moment où, agenouillé dans l'intérieur du Saint-Sépulcre, chaque âme trop pleine déborde et se soulage en y déposant son tribut de larmes.

Pendant ce temps, quelques Turcs, couchés sur des tapis à la porte de l'église, fument leurs tshibouks avec une tranquille insouciance, ou boivent du café; ce sont eux qui veillent à la garde de l'église et qui en font la police intérieure, rendue fort difficile par l'animosité très-vive qui règne entre les différents rites. Les Turcs sont devenus fort tolérants, et respectent autant le chrétien qui fait un pèlerinage à Jérusalem qu'un musulman allant à la Mecque. Ils n'ouvrent l'église au public que sur la demande d'un couvent chrétien de Jérusalem. Chaque rite a un petit couvent particulier attenant à l'église, et dans lequel sont toujours en veille et en prières quatre ou cinq moines. Ces religieux ne sont relevés qu'au bout de trois mois et ne sortent jamais au dehors dans cet intervalle. Chaque jour, à quatre heures, ils suivent processionnellement la partie de la voie Douloureuse renfermée dans l'église; les étrangers qui visitent Jérusalem sont toujours invités à prendre part à cette cérémonie et à la suivre. Nous nous y rendîmes avec empressement, et c'est dans l'ordre suivi par cette procession que je décrirai l'intérieur de l'église. Je partirai du commencement de la voie Douloureuse, qui se trouve à l'extérieur.

Au bas d'une rue assez étroite, on montre d'abord la maison de Pilate, actuellement en ruine, et dépendant d'une caserne. A gauche, en avançant, est une fenêtre noyée dans un mur, du haut de laquelle Ponce Pilate prononça le fameux *Ecce Homo* (Voilà l'Homme). On voit aussi la trace de l'escalier en marbre par lequel le Christ monta au prétoire, escalier qui est aujourd'hui à Rome. Près de la fenêtre est l'endroit où le Sauveur fut chargé de la croix. On fait une centaine de pas, et, au coin d'une rue, en tournant à gauche, gît, au pied d'un mur, un fût de colonne renversé : Jésus tomba là, pour la première fois, sous le fardeau de sa croix. La quatrième station de la voie Douloureuse est à une cinquantaine de pas plus loin, à l'endroit où la sainte Vierge rencontra son divin fils allant au supplice. On s'arrête là où Simon le Cyrénéen s'offrit au Christ pour l'aider à porter la croix; une large entaille dans le mur est la seule marque qui indique cette circonstance de la Passion. Le cortége prit ici une nouvelle direction, de l'ouest au nord, en laissant à droite la pierre sur laquelle s'étendait Lazare le pauvre, vis-à-vis la maison de Nabal le mauvais riche. La sixième station se fait à l'endroit où sainte Véronique essuya la face du Sauveur inondée de sueur et de sang. Quelques pas de plus nous amenèrent devant une nouvelle entaille dans un mur à gauche, marquant le lieu de la deuxième chute de la divine victime. Au bout de cette rue s'élevait la porte de la ville par où les condamnés à mort sortaient pour être exécutés.

Nous voici arrivés à l'église du Saint-Sépulcre. Une colonne renversée près de là indique la neuvième station, celle où Notre-Seigneur tomba pour la troisième fois. Nous pénétrons maintenant dans l'intérieur, où les Juifs accomplirent leur déicide. C'est ici que commence la procession dont nous avons parlé plus haut, et que nous allons suivre dans notre récit.

On se réunit dans le chœur de la principale chapelle latine, entièrement garni de vieux bois sculpté, et l'on en sort processionnellement en se dirigeant vers la colonne de la flagellation, dont un fragment est à Rome. On s'agenouille à chacune des stations, pendant que les Pères chantent des psaumes et des cantiques se rapportant aux circonstances de la Passion dont l'endroit où vous êtes a été le théâtre. On s'arrête ensuite devant une cavité qui s'avance dans le roc environ de deux mètres; le Christ y fut enfermé pendant qu'on terminait les préparatifs de son supplice. Les deux stations suivantes se font à la chapelle de Sainte-Hélène et à celle de l'Invention de la Croix; ces deux chapelles sont situées sous le Calvaire; on y descend par des degrés en pierre. Non loin de là, se trouve un tronçon de colonne sur lequel on fit asseoir le Christ, pour lui mettre la couronne d'épines sur la tête et le roseau entre les mains.

En suivant toujours la procession, nous montâmes un escalier étroit et sombre, et nous arrivâmes à deux chapelles formant comme un premier étage dans l'église: c'est ici le sommet du Calvaire. La chapelle de droite est sur l'emplacement même où le Christ fut attaché à la croix; sous l'autel de celle de gauche, on montre, entouré d'un disque en argent ciselé, le trou dans lequel était plantée la croix. A côté de ce trou, et sous une lame d'argent mobile qu'un prêtre grec nous tira, nous vîmes la fissure du rocher qui se fendit lorsque le Sauveur rendit le dernier soupir. Il est à regretter, comme nous l'avons déjà dit, qu'on se soit cru forcé de recouvrir d'ornements si riches ces monuments religieux, qui frapperaient certainement beaucoup plus dans leur nudité simple. Et, au milieu de tout ce luxe, il y a des négligences et des dégradations qui attristent. C'est ainsi que, dans une de nos visites au Saint-Sépulcre, nous vîmes tomber la pluie sur le monument, à travers le dôme crevassé. Ce dôme, dans plusieurs endroits, est à jour; l'animosité et la rivalité qui existent entre les différents rites s'opposent à sa restauration. Il est probable que ce seront encore les Turcs, dans leur neutralité, qui seront chargés des réparations nombreuses qu'exige l'état de délabrement dans lequel se trouve l'église.

En descendant du Golgotha, on se dirige vers la pierre de l'Onction, où le corps de Jésus fut oint d'huiles et de parfums par Nicodème et Joseph d'Arimathie. La pierre est encore ici cachée sous une grande dalle de marbre jaune, entourée d'un cadre en métal. Au-dessus de la pierre sont suspendues, l'une à côté de l'autre, sans ordre aucun, une vingtaine de lampes en métal précieux, qui brûlent toujours, et aux deux extrémités s'élèvent deux gigantesques chandeliers. De la pierre de l'Onction, le cortége se rend en dernier lieu au Saint-Sépulcre. Ici encore toute trace du monument primitif a disparu sous les ornements. Le Saint-Sépulcre, qui était autrefois une grotte taillée dans le roc, a été recouvert d'une sorte de mausolée en marbre blanc. Ce mausolée occupe le centre de la grande rotonde de l'église; il a environ dix mètres de long sur trois de large, et trois mètres et demi de haut. Quatre énormes et riches chandeliers précèdent la porte, au-dessus de laquelle brûlent une quinzaine de lampes d'or et d'argent.

En entrant, on se trouve dans une première division

de l'intérieur, espèce de vestibule ayant au milieu un bloc de marbre blanc taillé, qui indique la place où l'ange apparut aux saintes femmes lorsqu'elles vinrent au tombeau chercher le corps de Notre-Seigneur. Quinze lampes éclairent d'une mystérieuse lumière ce vestibule du divin tombeau. Une ouverture très-basse, et à travers laquelle on ne peut passer qu'en se courbant en deux, vous introduit dans ce lieu trois fois saint. Il a environ deux mètres et demi de long sur un et demi de large ; une quarantaine de lampes fort riches, et dont plusieurs sont d'un beau travail, y brûlent constamment, avec une quantité de cierges qui remplissent le Saint-Sépulcre d'une lumière vive, dans laquelle se jouent des nuages d'encens. A droite, en entrant, on voit une sorte de banquette taillée dans le rocher, sur laquelle le corps fut déposé. Le croirait-on ? Le rocher nu, qui serait si beau à voir au moins en cet endroit, a disparu sous une plaque de marbre blanc.

Je renonce à décrire le trouble attendri, la tristesse immense dont l'âme est saisie lorsqu'on s'agenouille dans ce saint sanctuaire, et que tous les divins souvenirs se pressent dans votre imagination. Nous sortîmes de l'enceinte sacrée le cœur inondé de larmes ; silencieux, vaincus et brisés par nos émotions, nous rentrâmes au couvent, où nous devions trouver le calme nécessaire aux méditations sous l'empire desquelles nous étions tout entiers.

III

ASPECT DE JÉRUSALEM. — MONT DES OLIVIERS. — BETHLÉEM. — GROTTE DES BERGERS. — COUVENT DE SAINT-SABBAS.

Jérusalem, 15 février 1856.

La Jérusalem actuelle est entièrement construite en pierre et à la façon orientale : les maisons ont une porte basse, fort peu de fenêtres sur le devant, et pour toit des terrasses et des coupoles peintes en blanc. Ainsi que je l'ai déjà dit, le terrain inégal sur lequel elle est construite donne à ses rues l'aspect d'escaliers; quelques-unes ont plutôt l'air du lit d'un torrent, tant le pavé est en mauvais état. La population, pauvre et misérable, s'élève environ à vingt mille âmes; elle se compose à peu près en parties égales de juifs, de mahométans et de chrétiens. Le bazar, quoique peu important, est fort animé par les Bédouins, qui viennent y acheter leurs armes, leur poudre, leurs vêtements. Nous étions fort convenablement logés au couvent, où nous avions trouvé deux religieux français qui nous tinrent compagnie d'une façon très-aimable tout le temps de notre séjour. Lorsqu'on sut au couvent que j'étais de Châlons-sur-Marne, tous les Pères se pressèrent autour de moi pour me demander si nous possédions toujours le vénérable évêque qui, depuis si longtemps, gouverne notre diocèse, consacrant son bien et sa vie au soulagement des pauvres. Ce fut un doux moment pour moi que celui où j'entendis tous ces bons Pères parler de Mgr de Prilly comme tout le monde en parle chez nous.

Après avoir bien visité les Lieux-Saints, renfermés dans l'enceinte de la ville; après avoir parcouru la ville elle-même dans tous les sens, vu les bazars, monté et descendu chacune des rues, nous voulûmes en voir, d'un point de vue à l'extérieur, l'aspect général.

En sortant de Jérusalem par la porte de l'est, on se trouve en face d'une petite montagne dont on n'est séparé que par une étroite vallée, au fond de laquelle est le lit d'un torrent. Cette montagne est la montagne des Oliviers; le torrent, c'est le Cédron; et la vallée, celle de Josaphat, qui s'étend du nord au sud. Le sentiment de tristesse inspiré par la ville s'accroît encore à la vue de ces lieux incultes, où végètent seulement çà et là quelques oliviers dont le triste feuillage est en harmonie avec l'aspect désolé de cette vallée de pierres. Des deux côtés de la vallée, les flancs de la montagne sont couverts de tombes; au sud-est, le cimetière musulman; au nord, le cimetière juif. Tous les ans, de tous les pays du monde, une multitude de juifs bravent les fatigues et les dangers d'un long voyage pour venir se faire enterrer dans la vallée de Josaphat, afin, disent-ils, d'être les premiers ressuscités au dernier jour.

De l'autre côté du Cédron, se trouve le jardin des Oliviers; il est entouré de murs et appartient aux Pères de la Terre-Sainte. Huit énormes oliviers y croissent entourés de fleurs : c'est dans cet endroit que le Sauveur vint prier, après avoir annoncé à ses apôtres que sa dernière heure était venue. Un peu plus loin, est la pierre sur laquelle s'endormirent les deux apôtres auxquels le Christ avait dit : « Demeurez ici et veillez avec moi. » Ici est une grotte rustique avec un modeste autel, derrière lequel on voit le rocher où il s'agenouilla et sua du sang dans son agonie. Là, enfin, est l'endroit maudit où le traître Judas livra son divin maître. A chaque pas, sous chaque arbre, sur chaque pierre, c'est la douleur, toujours la douleur. Montons jusqu'au sommet du mont des Oliviers : ce lieu, témoin de la douleur et de l'agonie du Christ, devait être aussi celui de sa gloire; c'est de là que, quarante jours après sa résurrection, il s'éleva dans les cieux. La tradition ajoute que l'empreinte de ses pieds resta sur la pierre; il n'y a plus aujourd'hui d'un peu sensible que la trace du pied gauche; la pierre portant l'empreinte du pied droit a été enlevée par les musulmans et déposée dans la mosquée d'Omar, où nous la retrouverons.

Du haut de la montagne des Oliviers, la vue est fort étendue. A l'ouest est la ville de Jérusalem. A droite s'élève le mont Agra, sur lequel était le palais du roi Hérode; à gauche, le mont Sion; au milieu, le mont Moriah, où était bâti le temple de Salomon, remplacé aujourd'hui par la mosquée d'Omar; et, derrière, le Calvaire surmonté de son église. Se présentant ainsi entourée de ses belles murailles crénelées, avec les coupoles blanches de ses maisons, du milieu desquelles s'élancent, de distance en distance, quelques minarets aux formes hardies et élégantes, la ville a un air de propreté et de distinction qui tromperait ceux qui ne l'auraient point visitée. Ce panorama repose doucement les yeux et l'esprit attristés du voyageur. Mais si le regard se rapproche et tombe de nouveau sur la vallée, le prestige s'efface, on n'a plus devant soi que la morne réalité : c'est Josaphat désolée, c'est la rocheuse vallée de Géhenne, et, au loin, les monts Moabs, fermant au sud ce triste horizon au delà duquel les déserts sans fin de l'Arabie. A l'est, à travers une multitude de monts arides, aux sommets crayeux et arrondis, on voit la mer Morte avec ses sombres reflets de plomb fondu.

Cependant, pressés par le temps, nous nous occupâmes des moyens d'aller au Jourdain, à Jéricho, à la mer Morte : nous n'avions que trois jours et deux nuits à donner à cette excursion. Les seuls préparatifs à faire étaient de nous mettre en règle et de prendre nos précautions de sécurité envers les tribus d'Arabes nomades que nous allions traverser. Ces tribus occupent tout l'espace compris entre Jérusalem, la mer Morte et le Jourdain, et se livrent ouvertement au brigandage. Leur *cheik* fut mandé à la chancellerie du consulat de France. Comme on le voit, on traite avec ces messieurs-là officiellement; ils paraissent, du reste, avoir, soit une estime, soit une crainte particulière du consul de France. Peu de temps après, nous reçûmes la visite de ce cheik, qui venait nous présenter ses respects et nous assurer de sa protection, moyennant vingt-cinq francs par tête, plus un mouton comme *bakshish*. Voilà cet affreux mot dont nous nous croyions délivrés, et qui vient encore nous écorcher les oreilles et nous donner sur les nerfs. C'était un homme grand et maigre, vêtu d'une longue robe blanche, d'un turban de cachemire, avec ses riches pistolets à la ceinture, que traversait un énorme yatagan; il avait un air de fierté imposant, qui marquait un homme habitué au commandement. Il examina nos armes, admira les fusils à deux coups, et parut pétrifié d'étonnement à la vue de nos revolvers à cinq coups et d'un sabre-baïonnette fixé à l'extrémité du canon d'un fusil : ces deux derniers objets parurent lui inspirer un profond respect, et il se retira fort content de nous.

Le lendemain, dès l'aube, nous étions à cheval, armés jusqu'aux dents. Nous sortîmes de Jérusalem par la porte de Jaffa, et, tournant à gauche, nous nous dirigeâmes

8

vers Bethléem, précédés de notre cheik protecteur. Il nous quitta au bout de dix minutes, en nous souhaitant bon voyage sur tous les tons et en nous disant que nous trouverions à Bethléem deux de ses hommes pour nous servir de guides et d'escorte. Après avoir laissé le torrent du Cédron, la vallée de Géhenne et celle de Gibon à notre gauche, nous aperçûmes, au bout d'une heure de marche, quelques terrains cultivés annonçant le voisinage de Bethléem. En effet, vers neuf du matin, nous faisions notre entrée dans cette petite ville, où nous fûmes encore reçus dans un couvent, succursale de celui de Jérusalem.

Bethléem a un aspect assez agréable et surtout fort animé. Les habitants, presque tous chrétiens et en grande majorité catholiques, sont plus actifs, plus industrieux que ne le sont généralement les habitants des autres villages. Elle est entourée de champs cultivés et de plantations d'oliviers qui lui donnent un air assez riant; l'activité qui règne à l'intérieur de la ville répond à l'industrie de la campagne. A l'extrémité nord se trouvent les couvents des différents rites chrétiens, communiquant tous, par des couloirs, avec la grotte de la Nativité, que nous étions impatients de visiter. Cette grotte occupe l'emplacement même de l'étable dans laquelle Notre-Seigneur vint au monde. Le plan en est fort irrégulier. Comme au Saint-Sépulcre, l'intérieur est recouvert de marbre. De nombreuses et riches lampes y répandent continuellement, à travers des nuages d'encens, leur mystérieuse lumière, qui adoucit et fait voir comme de célestes apparitions les figures de quelques charmants tableaux de l'école espagnole. La plus belle des lampes a été donnée par notre roi Louis XIII. Une découpure circulaire de quinze centimètres environ, faite dans le marbre blanc qui recouvre le roc, laisse à nu et permet de voir la place même où le Christ vint au monde. Ce cercle est entouré d'une étoile d'argent ciselée, sur laquelle sont gravés en latin ces mots : « C'est ici que Jésus-Christ est né de la vierge Marie. » A quelques pas de là se trouve un petit sanctuaire à la place qu'occupait la crèche. Un peu plus loin on voit, enfin, l'endroit où était le Christ pendant l'adoration des mages.

On descend ensuite par un escalier qui vous mène à une chapelle souterraine dédiée aux saints Innocents. On dit que quelques-uns de ces premiers martyrs du Christ sont enterrés là, près du lieu de sa naissance. La tradition aime ces sortes de rapprochements, et sans vouloir les mettre en doute, on peut trouver qu'ils ont été multipliés avec un peu de complaisance. Dans le même souterrain se trouve l'oratoire de saint Jérôme, où ce saint passa les trente-huit dernières années de sa vie, travaillant à sa traduction latine des Ecritures, et s'efforçant d'oublier, au milieu des macérations, les plaisirs de Rome mondaine.

Au-dessus de la grotte de la Nativité, s'élève une grande église érigée par sainte Hélène. Elle est abandonnée en partie : le chœur sert de chapelle aux Grecs, qui l'ont séparé de ses trois nefs par un mur. L'architecture en est lourde; elle écrase les colonnes d'ordre corinthien qui ornent la grande nef. Ces colonnes portent des traces de peinture qui vont chaque jour s'effaçant davantage; au-dessus, toute la surface des tympans conserve des restes de belles mosaïques; la charpente visible du toit, quoique peinte, lui donne un air de pauvreté qui contraste avec la richesse des mosaïques. En traversant ensuite les couloirs du couvent pour nous rendre au réfectoire, où le déjeuner nous attendait, nous fûmes assaillis par une nuée d'individus qui nous offraient une foule d'objets travaillés en nacre de la mer Rouge, en ébène, en olivier, ouvrages des chrétiens du pays. Mais ce fut encore bien pis devant le réfectoire : tout le parquet du vestibule était couvert de ces objets, de chapelets et de croix, que ces braves gens étalaient sur des serviettes; il fallut se frayer un passage à travers cette foule, non sans y laisser quelques piastres, et barricader la porte du réfectoire.

Après le déjeuner, accompagné d'une longue conversation avec les Pères, sur l'état du christianisme dans ces pays, nous allâmes visiter la chapelle ou grotte du Lait. Elle est à une centaine de mètres du couvent : c'est là, dit-on, que, pendant la persécution d'Hérode, la Vierge se cacha quelques jours, y allaitant son enfant. Cependant le temps se passait; les deux hommes que notre cheik nous avait promis étaient là, nous pressant de partir; nous étions désormais à leur discrétion, sous leur sauvegarde. Un trot de vingt minutes nous amena près d'un champ clos d'un petit mur en pierre sèche; nous mîmes pied à terre, et, descendant par un escalier pratiqué au milieu du champ, nous pénétrâmes dans une chapelle consacrée au culte grec. C'est la chapelle des Bergers : elle occupe l'endroit où l'ange leur apparut et leur annonça la naissance du Christ. Elle est fort simple; peu ou point d'ornements; le pavé, en mosaïques, s'en va de plus en plus sous les pas des visiteurs et par l'envie que chacun a d'en emporter un morceau. Cette grotte est, du reste, ouverte à tout venant; elle n'est point gardée, c'est un prêtre grec de Bethléem qui la dessert.

Après la visite de la grotte des Bergers, nous prîmes à droite, et, en peu d'instants, toute trace de terre cultivée eut disparu à nos yeux; nous pénétrions dans le désert, mais dans un désert fort accidenté. Les collines se succédaient les unes aux autres et nous dérobaient continuellement l'horizon. Nous cheminâmes ainsi quelques heures sans rencontre aucune; de temps à autre apparaissait, au sommet lointain d'une colline, l'ombre d'un Bédouin, le fusil en bandoulière; mais elle disparaissait aussitôt : notre voyage se faisait silencieusement, à travers ces mamelons aux flancs dénudés; entre nos deux guides-bandits, l'un en avant, l'autre en arrière, qui nous recommandaient la plus grande vigilance.

Enfin, au coucher du soleil, nous arrivions au sommet d'une petite montagne : un cri d'admiration s'échappa simultanément de nos poitrines. Le regard, glissant sur la crête aride et crayeuse de quelques hauteurs, tombait tout à coup sur la mer Morte, qui brillait dans l'ombre du crépuscule, tandis que la cime des montagnes qui l'entourent était colorée d'un beau pourpre, sous la puissance des chauds rayons du soleil oriental descendant à l'horizon. Ce spectacle, d'un calme grandiose, nous frappa, et nous ne pûmes nous en détacher qu'au bout de quelques moments, cédant aux instances de nos deux guides.

Quelques minutes après, une tour apparaissait à nos yeux : c'était le couvent grec de Saint-Sabbas, où nous devions passer la nuit. Nous fûmes bientôt au pied de ses murs. Ce couvent est en même temps une forteresse à peu près imprenable; en partie dans le roc, il occupe l'angle formé par le torrent du Cédron avec un torrent affluent, et le roc, taillé à pic à une profondeur de quatre à cinq cents pieds, forme sa principale défense. Du côté où on l'aborde, des murs, remarquables par leur construction et leur épaisseur, se relient au rocher de manière à rendre nécessaire, pour les abattre, de la grosse artillerie; si l'on joint à cela une garde de trois cents hommes que le couvent entretient, on verra que les moines grecs se sont mis complétement à l'abri des Arabes, et que le voyageur peut dormir en paix dans ce couvent, quand toutefois il y est reçu. Il faut pour cela être muni d'une lettre du patriarche grec de Jérusalem : nous en avions une. A nos cris, on ouvrit, à environ vingt mètres, dans un rocher au-dessus de nos têtes, une petite fenêtre grillée à travers laquelle on laissa tomber une corde; nous y fixâmes la lettre, et, au bout d'un quart d'heure, un moine, accompagné d'un garde le fusil à la main, ouvrit une petite porte et nous introduisit dans le couvent. Ici, nous dûmes parcourir une interminable série de couloirs, d'escaliers, montant et descendant sans cesse, et dans lesquels on perd tout sentiment de direction; enfin nous arrivâmes dans la cour centrale, et l'on nous fit entrer dans une petite pièce fort propre, dont les murs étaient blanchis à la chaux.

La situation du couvent de Saint-Sabbas est des plus pittoresques, au milieu de tous ces rochers nus et profondément ravinés par les eaux; le silence de mort qui y règne ajoute à la sévérité du tableau; il y a quelque chose d'imposant dans cette solitude absolue. De tous côtés les rochers ont été creusés, et l'on aperçoit les ouvertures de nombreuses grottes, qui ont servi de retraite à des anachorètes lors de la conquête et de la persécution des Turcs.

On nous fit ensuite visiter la chapelle du couvent, qui est d'une richesse étonnante pour des lieux si reculés : on y remarque surtout plusieurs beaux lustres en argent massif, dont la plupart sont des présents de la Russie. La chaire attire les regards par son élégance et sa légèreté; nous y vîmes aussi plusieurs beaux tableaux, entre autres une magnifique tête de saint Pierre, due au pinceau d'un moine grec. Le chœur est une véritable collection de marbres précieux : si l'or de la Russie n'était derrière toutes ces magnificences, on ne pourrait concevoir comment elles ont pu être réunies dans ce désert. Je dirai ici, en passant, que les sanctuaires des églises grecques ne sont pas tout à fait comme les nôtres. Un peu avant le fond du chœur, se trouve une grande cloison, couverte de tableaux, dorée du haut en bas, et incrustée de pierres précieuses; au milieu, une ouverture derrière laquelle est l'autel, et, de chaque côté, une autre ouverture par où circulent les prêtres. Par suite de cette disposition, les assistants ne voient l'officiant que de loin et à travers cette ouverture, continuellement envahie par des nuages d'encens : cette perspective est d'un bel effet.

On nous montra ensuite, dans un caveau fermé d'une grille, les ossements de quatorze mille chrétiens martyrs, égorgés en ce lieu, dit-on, par les Turcs. Nous fîmes ensuite, à travers un labyrinthe d'escaliers et de couloirs, le tour du couvent. A la nuit, on nous offrit une collation, et nous nous étendîmes sur des coussins où nous aurions dormi de bon cœur, sans les hurlements des hyènes et des loups qui prenaient leurs ébats près du couvent, et sans les moustiques surtout, cette plaie de l'Orient.

IV

DE SAINT-SABBAS A LA MER MORTE. — LE JOURDAIN. — JÉRICHO. — LAZARIEH. — VISITE A LA MOSQUÉE D'OMAR, A JÉRUSALEM. — RETOUR EN FRANCE.

Marseille, 15 avril 1856.

A trois heures du matin, au lever de la lune, nous partîmes à cheval du couvent de Saint-Sabbas, où l'hospitalité nous avait été offerte d'une façon fort aimable par les moines grecs, quoique nous ne fussions point leurs coreligionnaires. Notre voyage au clair de lune s'effectuait assez péniblement au milieu de ce désert montueux; outre l'incommodité des horribles selles arabes, nous allions à travers les rochers, n'ayant pour tout chemin que le lit sec des torrents au fond des ravins. Nos guides hésitèrent plusieurs fois; ils s'égarèrent ensuite, et nous perdîmes beaucoup de temps avant de retrouver la bonne voie. Nous commencions à suspecter, mais bien injustement, la loyauté de nos hommes. Vers cinq heures du matin, nous gravîmes une petite montagne pour passer d'un ravin dans un autre; en arrivant au sommet, nous aperçûmes sur notre droite un homme caché derrière une pierre; nous l'examinions, sans arrêter notre marche, lorsque, débouchant sur le plateau, nous vîmes près de nous les tentes brunes en poils de chameau d'un *douâr* arabe. Du milieu de ces tentes sortirent immédiatement une douzaine de Bédouins à face sinistre, couverts seulement d'une chemise blanche et portant chacun leur long fusil à la main; ils se précipitèrent de notre côté en poussant des hurlements sauvages, auxquels se mêlaient les aboiements d'une dizaine de chiens qui les accompagnaient. A la vue de cette horde, les armes furent préparées, et nous nous tînmes prêts à tout événement; nous fîmes bonne contenance et passâmes au milieu d'eux au petit pas, sans nous laisser arrêter ni intimider par ceux qui se plaçaient sur notre route. Un de nos guides leur expliqua que nous avions accompli les formalités voulues, et ils nous laissèrent passer outre.

Vers huit heures du matin, nous tournâmes à droite, et, du haut de la montagne dont nous venions d'atteindre le sommet, nous découvrîmes tout à coup de nouveau la mer Morte. Jamais paysage ne m'a autant frappé par sa grandeur lugubre. Notre regard dominait une vaste plaine; derrière nous étaient Jérusalem et la Méditerranée; en face de nous, encaissant la plaine à l'ouest et au sud, les monts Moabs, avec leurs vives arêtes, qui se détachaient sur un ciel indigo. Nous descendîmes vers la mer Morte, en repassant dans notre souvenir ce que la Bible rapporte de la vengeance céleste sur les deux villes qui en occupaient autrefois la place. A cent mètres environ du rivage, nous traversâmes un bouquet de roseaux, indice certain d'eau douce que nous ne pouvions cependant pas découvrir. La soif nous tourmentait déjà, et l'atmosphère habituellement légère de l'Orient était ici lourde et accablante.

Les bords proprement dits de la mer Morte sont complétement dénués de végétation, comme ceux de presque toutes les mers. Du côté du nord se trouve un petit promontoire, sur lequel nous nous avançâmes pour voir de près les eaux : elles sont tout à la fois d'une grande densité, d'un goût détestable, et d'une limpidité étonnante; l'eau des sources n'est pas plus claire. Le fond se compose de glaise et de matières salines. La mer Morte a treize lieues environ de long sur cinq de large; elle s'étend du nord au sud. A l'extrémité nord, elle reçoit le Jourdain, vers lequel nous nous dirigeâmes, en recherchant l'endroit où saint Jean-Baptiste baptisa Notre-Seigneur. Nous étions impatients, je l'avoue, de nous éloigner de cette plage, accablés comme nous l'étions par la chaleur et mourant de soif. Nous étions alors, à la lettre, comme le cerf de la Bible qui aspire vers les ombrages et les sources vives.

En marchant vers le nord, nous nous rapprochions des monts Moabs, au pied desquels passe le Jourdain, but de tous nos désirs, et que nous ne pouvions parvenir à voir, quoiqu'une lointaine et faible ligne de verdure nous indiquât son cours. A cinq cents mètres à peu près de la chaîne Moabique, le désert était entrecoupé de broussailles, dont quelques-unes assez élevées. Ici nos guides-bandits s'arrêtèrent, renouvelèrent leurs amorces, et nous engagèrent à avancer avec précaution; nous nous mîmes sur nos gardes et avançâmes en bon ordre, tandis que nos deux hommes, continuellement au galop, le fusil armé et sur la cuisse, éclairaient la route, fouillant chaque buisson avec le plus grand soin. Le Jourdain est la limite du territoire sur lequel s'étendait la domination de notre cheik protecteur; de l'autre côté, sur la rive gauche, sont ses ennemis, dont les incursions sont toujours à redouter pour les voyageurs. Les Bédouins auxquels on a une fois payé le tribut ont cela de bon qu'ils vous défendent contre les autres. Nous en fûmes, du reste, pour nos précautions, et rien ne vint entraver notre marche.

En traversant un groupe d'arbres et de grands roseaux, nous nous trouvâmes inopinément à l'endroit même du Jourdain où Josué le traversa à la tête des Hébreux et où fut baptisé le Christ. Les traces de végétation qui l'entourent et le bruit de ses ondes font une douce surprise au voyageur haletant, qui vient de parcourir les sables brûlants de la plaine. Le Jourdain roule entre des roches, sur un lit pierreux; ses eaux sont rapides et laiteuses; il est, en cet endroit, peu large et peu profond. Nous nous étendîmes sur ses bords, jouissant de la fraîcheur que ses eaux procurent, et pensant avec effroi à cette plaine ardente que nous allions être obligés de traverser une seconde fois. Nous nous sentions comme isolés de la civilisation : là, devant nous, de l'autre côté du Jourdain, les monts Moabs, qui nous séparaient seuls des déserts sans fin de l'Arabie; derrière nous, la plaine brûlée ou la mer empoisonnée, avec ses exhalaisons et ses dépôts asphaltiques. Quel spectacle de désolation! Quel silence de mort! Il fallut cependant nous éloigner des rives du Jourdain; il fallut, pour aller à Jéricho, se décider à traverser de nouveau cette fournaise, où le soleil darde ses rayons sur les roches moabiques qui vous les renvoient en tous sens, tandis que les reflets métalliques de la mer Morte vous poursuivent de leur chaleur de plomb, et que les exhalaisons salines vous dessèchent le gosier et la poitrine. Pendant toute cette journée de feu, nous ne vîmes que trois êtres vivants : une pauvre mouette égarée rasant la surface de la mer, un caméléon dormant sur un arbre, un long serpent glissant sur le sable.

A la tombée de la nuit, nous apercevions devant nous, au pied des montagnes de la Judée dont nous nous étions rapprochés, des tentes sombres de Bédouins, entremêlées de quelques huttes de terre, et un peu plus près de nous une tour carrée en pierre; c'était là Jéricho. C'est tout ce qui reste de la riche, de la fertile Jéricho dont parle l'Écriture. Quelques champs et quelques palmiers remplacent aujourd'hui ces jardins si célèbres autrefois. Les habitants ont l'air très-farouches : ce sont des Bédouins dans toute la force du terme; aussi sait-on gré au gouvernement turc de conserver cette tour pour la sûreté des voyageurs. Nous passâmes la nuit, étendus sur nos armes, au sommet de la tour, sous un toit de roseaux.

A deux heures du matin, nous repartîmes pour Jérusalem. En sortant des huttes de Jéricho, nous vîmes, au clair de la lune, les ruines d'un acqueduc assez considérable. Au surplus, Jéricho n'intéresse plus aujourd'hui que par ses souvenirs, car il ne reste aucun vestige de l'ancienne ville. Nous nous engageâmes de nouveau dans les défilés déserts des montagnes de la Judée, et là, tant que la nuit dura, nous fûmes poursuivis par les cris des chacals, des loups et des hyènes qui rôdaient autour de nous. Au point du jour, nous atteignîmes un village des plus misérables, qu'on appelle *Lazarieh;* il occupe l'emplacement de l'ancienne Béthanie, où Notre-Seigneur opéra le miracle de la résurrection de Lazare. Le tombeau de Lazare se montre aux voyageurs : c'est une grotte dans laquelle on descend par des degrés en pierre; un autel occupe la place où se trouvait le Sauveur lorsqu'il fit le miracle.

En sortant de Lazarieh, nous trouvâmes, au bas d'une montagne, notre cheik dans son plus riche costume, assis et fumant son tshibouk, en compagnie de deux ou trois cheiks secondaires. A notre approche, il se leva et nous salua; nos deux guides mirent pied à terre; il prit le cheval de l'un d'eux et se mit à notre tête. Il nous fit quantité de politesses, et ne cacha pas sa joie de nous revoir; cette joie se comprend, car il répondait de nous sur sa tête.

A notre retour dans la Ville-Sainte, nous eûmes le bonheur de pouvoir visiter la célèbre mosquée d'Omar, sous laquelle se trouvent quelques restes du temple de Salomon. Notre entrée dans cette mosquée est presque un événement, puisque c'est la neuvième fois seulement que des chrétiens y pénètrent. L'entrée en est défendue aux juifs et aux chrétiens, sous peine de mort; lorsqu'on l'approche même d'un peu trop près à l'extérieur, les musulmans fanatiques vous jettent des pierres et vous poursuivent de leurs imprécations. Cette mosquée, qui est pour les musulmans le lieu le plus saint après la Mecque, est confiée à la garde de soixante nègres tirés du Darfour, qui ne comprennent pas même le turc, et dont le fanatisme offre une garantie sûre à leur chef religieux de la Mecque. C'est dans cette mosquée que se trouve la fameuse pierre suspendue, objet d'une vénération toute particulière. La croyance des musulmans est que Mahomet fit son ascension au ciel de dessus cette pierre, qui, sanctifiée par ce contact, s'éleva d'elle-même et resta en l'air. Dans notre visite, nous demandâmes au grand prêtre pour quelle raison ce lieu était si rigoureusement interdit à d'autres qu'aux mahométans : « C'est, nous répondit-il, parce que toutes les prières faites dans ce lieu de prédilection du prophète sont sûres d'être exaucées, de quelques bouches qu'elles sortent. » Ils craignent des prières indiscrètes ou dangereuses pour eux.

Nous dûmes la permission d'y entrer à des circonstances toutes particulières que nous n'avons pas à exposer ici. Il nous fallut, malgré cela, nous entourer de précautions pour échapper à la vigilance des gardiens et au fanatisme de la multitude. Notre dessein s'étant ébruité, une foule de musulmans remplit la mosquée à l'heure fixée pour notre visite, en poussant des vociférations contre les chrétiens, ce qui nous obligea à remettre la partie au lendemain. Le grand prêtre, d'accord avec nous, avait renfermé les soixante nègres gardiens, et, à notre arrivée chez le gouverneur, le lendemain matin, à sept heures, tout était prêt. La garnison était consignée. Nous nous dirigeâmes vers la mosquée, ayant le grand prêtre et le bey gouverneur à notre tête, avec une escorte de cinquante soldats turcs, le sabre au poing.

En sortant de chez le bey, nous suivîmes un couloir conduisant à une porte située à l'angle nord-ouest de l'enceinte sacrée ou Haram. On se trouve alors dans un espace rectangulaire dont la grande longueur va du nord au sud; tout cet espace est couvert d'herbes et de chardons; çà et là seulement quelques oliviers et quelques cyprès. Les deux côtés du mur extérieur, nord et ouest, tenant à la ville, sont formés de maisons de fonctionnaires, de casernes et de petites mosquées dans le style mauresque. Les deux côtés Sud et Est sont clos par les remparts mêmes de Jérusalem. Le Haram est en outre parsemé de petits dômes servant d'oratoires. Après avoir traversé cet espace inculte, on arrive à une seconde enceinte qui a huit entrées; elles sont toutes semblables, et se composent d'un portique soutenu par deux piliers et deux élégantes colonnes reliées par trois arcades, celle du milieu étant la plus grande. Des escaliers en marbre blanc, au bas desquels nous quittâmes nos chaussures, conduisent à ces entrées; on se trouve alors sur la plate-forme de la mosquée d'Omar, en arabe *Koubet-el-Sakarah*. Elle est pavée de larges dalles reliées entre elles par du ciment; elle est spacieuse et de forme carrée. Sur le côté Est de la plate-forme, se trouve un petit dôme soutenu par des colonnettes légères; il porte le nom de Tribunal de David, en arabe *Mehkêmet-el-Naley-Daôud*; sa forme est un dodécagone régulier; les colonnettes ont toute l'élégance du style byzantin, et les tympans sont recouverts de porcelaine de différentes couleurs.

La forme extérieure de la grande mosquée est celle d'un octogone régulier. Les soubassements sont en marbre blanc, et s'élèvent à une hauteur de deux mètres environ. Du soubassement jusqu'au dôme, les faces sont recouvertes de porcelaine bleue et blanche, que le grand prêtre nous a dit venir de Chine. Le dôme qui surmonte l'édifice est recouvert de plomb; il se termine par un croissant dont les pointes se rejoignent. Le plan extérieur présente un octogone régulier, dans lequel est inscrit un second octogone, éloigné du premier d'environ six mètres; dans ce second octogone, et à la distance de quatre à cinq mètres, est inscrit un cercle formé de colonnes de marbre, ainsi que le second octogone. Les plafonds horizontaux des pourtours des octogones présentent des arabesques de couleurs éclatantes et dorées, d'un goût et d'une originalité charmante. Le dôme, supporté par les colonnes du cercle, est orné à la base d'une bande de mosaïques des plus remarquables. Le restant de sa surface intérieure est entièrement formé de mosaïques dorées.

Au centre de l'édifice, se trouve la fameuse pierre suspendue; c'est une énorme roche de dix-huit à vingt mètres de long, dont on n'aperçoit que la partie supérieure sortant du parvis; elle est complétement à l'état brut. On y montre quelques trous, que l'on dit être l'empreinte des doigts de l'ange Gabriel; on y montre aussi une empreinte des pieds de Jésus-Christ, que les musulmans reconnaissent et vénèrent, mais seulement comme un grand prophète. La roche est surmontée d'une espèce de tente en soie, et tout autour, sur le parvis, sont étendus de riches tapis. Au prières de nuit, la mosquée est illuminée par une infinité de lampions de couleur placés sur des lustres de bois de formes bizarres.

En face de la porte par laquelle nous étions entrés, nous descendîmes un escalier d'une huitaine de marches, qui nous conduisit sous la pierre miraculeuse. Il va sans dire que la roche, dite suspendue, repose sur de solides bases; à l'extérieur, sa longueur est, comme nous l'avons dit, de dix-huit mètres, tandis que le caveau où nous venions de descendre n'en a que neuf. Un mur blanchi à la chaux forme les parois du caveau; le grand prêtre nous dit, en frappant sur ce mur, que ce n'était qu'une cloison construite pour rassurer les femmes qui avaient peur de prier sous la roche. Nous fûmes assez polis pour ne pas le contredire. Au centre du caveau se trouve un puits fermé de planches.

Nous sortîmes ensuite de la mosquée par la porte du sud, pour aller visiter l'ancienne église de la Présentation, aujourd'hui mosquée de *Koubet-el-Aksah*. Elle est située du côté sud du Haram, en dehors de la plate-forme. On nous fit d'abord visiter un caveau dont l'entrée se trouve en avant et un peu à gauche du péristyle de l'église; on y descend par une pente douce, et l'on pénètre dans un long souterrain contenant les substructions du temple de Salomon; il est formé de deux galeries parallèles, séparées par une ligne de piliers et d'arcades, ces dernières au nombre de neuf; les murs sont construits avec des pierres taillées et d'assez grande dimension. Nous entrâmes à droite, dans une chambre souterraine se terminant par une niche, qui était le sanctuaire principal des musulmans, avant que le tombeau de Mahomet eût fait de la Mecque le lieu saint par excellence. On montre encore là une autre empreinte des pieds de Notre-Seigneur, celle qui a été rapportée du mont des Oliviers. Rentrés dans le souterrain principal, nous atteignîmes, en descendant sept marches, une chambre carrée d'environ dix-huit mètres de côté. On y voit, dans le fond, deux portes murées, avec une forte colonne accolée de chaque côté et soutenant une énorme pierre en entablement. Toute cette partie paraît être du temps de Salomon; mais les chapiteaux des deux colonnes de l'ouest sont plutôt du temps d'Hérode. Au milieu de la chambre, se trouve une colonne se reliant à d'autres noyées dans les murs par un entablement en pierre qui divise le plafond en quatre caissons, tous égaux et carrés, en forme de coupole.

Nous montâmes ensuite à l'église de la Présentation. Elle est divisée en sept nefs; celle du milieu, plus grande que les autres, conduit à la Kibla, placée juste au-dessus de celle du souterrain. Les chapiteaux des colonnes sont fort grossiers et reliés les uns aux autres par des voliges de bois peintes en rouge. Le parvis est formé de dalles et de mosaïques antiques. Dans le dôme qui surmonte la Kibla, on remarque de fort beaux vitraux. On nous fit ensuite passer dans une chambre rectangulaire, où l'on nous montra une sorte de berceau en pierre, surmonté d'un dais : c'est là, dit-on, que la Vierge déposa l'enfant Jésus lors de sa présentation au Temple. Nous nous dirigeâmes ensuite vers la porte *Dorée*, par où Notre-Seigneur entra le jour des Rameaux. Elle est située au milieu du côté Est du Haram. En descendant quelques degrés, nous pénétrâmes sous une double voûte sculptée, puis dans une salle obscure dont le plafond était formé de quatre dômes en caissons et de deux plus grands à jour. La porte, proprement dite, est noyée dans les murailles de la ville; au milieu sont deux fortes colonnes monolythes, et une troisième noyée. Cette porte était l'entrée principale du temple de Salomon. Au milieu des décombres, à terre, nous vîmes des traces de mosaïques antiques d'un beau bleu.

Ici se termina notre visite. La vive inquiétude que nous remarquâmes sur le visage du grand prêtre et du bey nous avertissait qu'il y avait quelque menace de péril, et qu'il était temps de nous mettre à l'abri d'une émeute qui commençait déjà. Nous sortîmes pourtant sains et saufs, emportant avec nous quelques briéves notes prises rapidement au crayon, dans les endroits les plus sombres, et auxquelles, grâce à nos études spéciales, nous pûmes donner l'exactitude désirable, malgré notre extrême précipitation. Nous étions plusieurs Français; chacun de nous avait noté de son mieux ce qui le frappait, et de la communication réciproque de nos notes, nous composâmes une rédaction commune, dont chacun garda une copie.

Nos chevaux étaient prêts, ainsi qu'on nous l'avait recommandé; aussitôt sortis de la mosquée, nous dîmes adieu à Jérusalem, et nous revînmes à Alexandrie, d'où nous devions faire voile enfin vers la France.

Il y a assurément de nobles et vives émotions à visiter les contrées lointaines, à aller, à travers les mers et les déserts, admirer les sauvages grandeurs de la nature, remuer la poussière des cités éteintes, heurter du pied les débris d'un monde évanoui; mais rien n'est doux comme de revoir le soleil de son pays, le foyer de sa famille, le cercle de ses amis. Le vrai plaisir même de ces pérégrinations aventureuses, le charme intime et secret qui en fait supporter les souffrances et braver les dangers, n'est-il pas de penser qu'on recueille des souvenirs et des récits pour le retour? L'homme n'apprend pas pour lui-même; la science ignore l'égoïsme, elle ne recueille que pour communiquer : c'est sa joie et, si l'on veut, son orgueil.

Quant à nous, qu'il nous soit permis de le dire en finissant, la satisfaction la plus vraie qui nous restera de notre voyage sera dans ce récit même, fait pour nos compatriotes de la Marne et pour nos amis. Puissent-ils, en le lisant, sentir et partager la sympathie qui nous l'a fait écrire!

FIN.

TABLE DES MATIÈRES.

FIN DE LA TABLE DES MATIÈRES.

www.ingramcontent.com/pod-product-compliance
Ingram Content Group UK Ltd.
Pitfield, Milton Keynes, MK11 3LW, UK
UKHW021055200726
13857UKWH00003B/941